国家中等职业教育改革发展
示范校核心课程系列教材

畜产品加工
实训教程

Xuchanpin Jiagong Shixun Jiaocheng

江凤平 主编

中国农业大学出版社
CHINA AGRICULTURAL UNIVERSITY PRESS

内 容 简 介

本实训教材是针对目前中等职业学校食品加工专业"畜产品加工"课程教学而编写的,是配合"畜产品加工"课程教学的实践性指导教材。本教材突出教学的基础性、实践性和通用性,结合简单的理论讲解,使学生通过实践操作掌握畜产品加工的基本技能,培养食品加工行业的技能人才。

本书分为基本技能和专项技能(涵盖乳制品加工、肉制品加工和蛋制品加工三方面内容)两大部分,共五个项目十五个任务,包括各种畜产品的原料品质鉴定、加工工艺和产品质量鉴别等内容。

本教材可用于食品加工专业"畜产品加工"课程的实训教学,也可供农技普及培训和食品加工爱好者自学使用。

图书在版编目(CIP)数据

畜产品加工实训教程/江凤平主编. —北京:中国农业大学出版社,2016.3
ISBN 978-7-5655-1497-5

Ⅰ.①畜… Ⅱ.①江… Ⅲ.①畜产品—加工—教材 Ⅳ.①TS251

中国版本图书馆 CIP 数据核字(2016)第 021763 号

书　　名	畜产品加工实训教程			
作　　者	江凤平　主编			
策划编辑	赵　中		责任编辑	王艳欣
封面设计	郑　川		责任校对	王晓凤
出版发行	中国农业大学出版社			
社　　址	北京市海淀区圆明园西路 2 号		邮政编码	100193
电　　话	发行部 010-62818525,8625		读者服务部	010-62732336
	编辑部 010-62732617,2618		出 版 部	010-62733440
网　　址	http://www.cau.edu.cn/caup		**E-mail**	cbsszs @ cau.edu.cn
经　　销	新华书店			
印　　刷	涿州市星河印刷有限公司			
版　　次	2016 年 3 月第 1 版　2016 年 3 月第 1 次印刷			
规　　格	787×980　16 开本　9.25 印张　164 千字			
定　　价	19.00 元			

图书如有质量问题本社发行部负责调换

国家中等职业教育改革发展示范校核心课程系列教材建设委员会成员名单

主 任 委 员:赵卫琍

副主任委员:栾　艳　何国新　江凤平　关　红　许学义

委　　　员:(按姓名汉语拼音排序)

边占山　陈　禹　韩凤奎　金英华　李　强

梁丽新　刘景海　刘昱红　孙万库　王昆朋

严文岱　要保新　赵志顺

编写人员

主　编　江凤平

参　编　常　颖　于　影　赵志顺　梁丽新

　　　　董砚博　刘海杰　徐　月

职业教育是"以服务发展为宗旨,以促进就业为导向"的教育,中等职业学校开设的课程是为课程学习者构建通向就业的桥梁。无论是课程设置、专业教学计划制定、教材选择和开发,还是教学方案的设计,都要围绕课程学习者将来就业所必需的职业能力形成这一核心目标,从宏观到微观逐级强化。教材是教学活动的基础,是知识和技能的有效载体,它决定了中等职业学校的办学目标和课程特点。因此,教材选择和开发关系着中等职业学校的学生知识、技能和综合素质的形成质量,同时对中等职业学校端正办学方向、提高师资水平、确保教学质量也显得尤为重要。

2015年国务院颁布的《关于加快发展现代职业教育的决定》提出:"建立专业教学标准和职业标准联动开发机制,推进专业设置、专业课程内容与职业标准相衔接,形成对接紧密、特色鲜明、动态调整的职业教育课程体系"等要求。这对于探索职业教育的规律和特点,推进课程改革和教材建设以及提高教育教学质量,具有重要的指导作用和深远的历史意义。

目前,职业教育课程改革和教材建设从整体上看进展缓慢,特别是在"以促进就业为导向"的办学思想指导下,开发、编写符合学生认知和技能形成规律,体现以应用为主线,符合工作过程系统化逻辑,具有鲜明职教特色的教材等方面还有很大差距。主要是中等职业学校现有部分课程及教材不适应社会对专业技能的需要和学校发展的需求,迫切需要学校自主开发适合学校特点的校本课程,编写具有实用价值的校本教材。

校本教材是学校实施教学改革对教学内容进行研究后开发的教与学的素材,是为了弥补国家规划教材满足不了教学的实际需要而补充的教材。抚顺市农业特产学校经过十多年的改革探索和两年的示范校建设,在课程改革和教材建设上取得了一些成就,特别是示范校建设中的18本校本教材现均已结稿付梓,即将与同行和同学们见面交流。

　　本系列教材力求以职业能力培养为主线,以工作过程为导向、以典型工作任务和生产项目为载体,对接行业企业一线的岗位要求与职业标准,用新知识、新技术、新工艺、新方法,来增强教材的实效性。同时还考虑到学生的起点水平,从学生就业够用、创业适用的角度,使知识点及其难度既与学生当前的文化基础相适应,也更利于学生的能力培养、职业素养形成和职业生涯发展。

　　本套校本教材的正式出版,是学校不断深化人才培养模式和课程体系改革的结果,更是国家示范校建设的一项重要成果。本套校本教材是我们多年来按农时季节、工作程流、工作程序开展教学活动的一次理性升华,也是借鉴国内外职教经验的一次探索,这里面凝聚了各位编审人员的大量心血与智慧。希望该系列校本教材的出版能够补充国家规划教材,有利于学校课程体系建设和提高教学质量,能为全国农业中职学校的教材建设起到积极的引领和示范作用。当然,本系列校本教材涉及的专业较多,编者对现代职教理念的理解不一,难免存在各种各样的问题,希望得到专家的斧正和同行的指点,以便我们改进。

　　该系列校本教材的正式出版得到了蒋锦标、刘瑞军、苏允平等职教专家的悉心指导,同时,也得到了中国农业大学出版社以及相关行业企业专家和有关兄弟院校的大力支持,在此一并表示感谢!

教材编写委员会

2015 年 8 月

　　根据畜产品加工业的需求,目前中职畜产品加工教材存在过分强调理论体系、理论知识偏深偏难,理论与实践分离的缺点,难以激发学生的学习兴趣。目前中职学生文化基础差、缺乏主动求知欲望,课堂学习被动,教师要从学生实际情况出发,适当整合教材内容,突出学生的主体地位,调动学生学习的主动性,激发学生的学习兴趣,大力开发课外课程资源,摸索出一条具有自己特色的课程改革之路,特编写《畜产品加工实训教程》。

　　本教材可以指导学生向生产、向实际学习,通过现场的讲授、观看、座谈、讨论、分析、作业、考核等多种形式,一方面巩固在书本上学到的理论知识,另一方面,可获得在书本上不易了解和不易学到的生产现场的实际知识,使学生在实践中得到提高和锻炼,激发学生向实践学习和探索的积极性,为今后的学习和从事的技术工作打下坚实的基础。

　　本书分为基本技能和专项技能(涵盖乳制品加工、肉制品加工和蛋制品加工三方面内容)两大部分,共五个项目十五个任务。基本技能是指在乳品、肉品、蛋品加工过程中基本的理化成分的测定以及成品指标的评定等一系列单一的实践技能。它包括一个项目五个任务,主要讲述牛乳相对密度的测定、牛乳新鲜度的测定、肉新鲜度的评定、禽蛋的品质鉴定、蛋的物理性质检验。专项技能是指通过对乳品、肉品、蛋品的理化成分测定及品质鉴定,进行畜产品各品种的加工设计、开发及加工实际操作等多项能力。它包括四个项目十个任务,主要讲述液态乳的加工工艺、酸奶及冰激凌的制作工艺、腌腊肉制品加工、干肉制品加工、酱卤制品加工、肠类制品加工、西式火腿加工、培根加工、松花蛋的加工和咸蛋的加工。

　　本书适合中职学校食品加工技术、农畜特产品加工技术、食品营养与检测、食品储运与营销、食品生物技术、食品机械与管理、养殖类专业等学生使用,还可作为畜产品加工人员、畜产品加工企业技术管理人员的培训教材。

编　者

2015 年 11 月

目录

第一部分　基本技能

实训项目一　畜产品加工的基本技能 …………………………… 3
　　任务一　牛乳相对密度的测定 ………………………………… 3
　　任务二　牛乳新鲜度的测定 …………………………………… 7
　　任务三　肉新鲜度的评定 ……………………………………… 11
　　任务四　禽蛋的品质鉴定 ……………………………………… 24
　　任务五　蛋的物理性质检验 …………………………………… 30

第二部分　专项技能

实训项目二　常见乳制品加工 …………………………………… 39
　　任务一　液态乳的加工工艺 …………………………………… 39
　　任务二　搅拌型和凝固型酸乳及冰激凌的制作工艺 ………… 64
实训项目三　中式肉制品加工 …………………………………… 84
　　任务一　腌腊肉制品加工 ……………………………………… 84
　　任务二　干肉制品加工 ………………………………………… 94
　　任务三　酱卤制品加工 ………………………………………… 104
　　任务四　肠类制品加工 ………………………………………… 112
实训项目四　西式肉制品加工 …………………………………… 119
　　任务一　西式火腿加工 ………………………………………… 119
　　任务二　培根加工 ……………………………………………… 121
实训项目五　蛋制品加工 ………………………………………… 124
　　任务一　松花蛋的加工 ………………………………………… 124
　　任务二　咸蛋的加工 …………………………………………… 128

参考文献 …………………………………………………………… 135

第一部分
基本技能

实训项目一　畜产品加工的基本技能

实训项目一　畜产品加工的基本技能

【知识目标】

　　1.具备乳相对密度测定的相关知识。

　　2.具备原料乳识别和验收知识。

　　3.具备原料肉的品质识别知识。

　　4.具备鲜蛋的一般检验方法及品质评定知识。

【能力目标】

　　1.熟悉原料乳的理化质量控制方法。

　　2.熟悉肉的取样和感官评定方法。

　　3.熟悉鲜蛋的一般检验方法。

　　4.能够进行乳的相对密度、酸度等项目的测定。

　　5.能够进行肉的取样和感官评定。

　　6.能够进行蛋的品质及鲜蛋物理性质的检验。

任务一　牛乳相对密度的测定

【知识目标】

　　熟悉乳相对密度测定的相关知识。

【能力目标】

　　1.能够进行原料乳的验收。

　　2.能够进行乳相对密度的测定。

一、任务准备

1.材料

牛乳。

2.仪器

(1)温度计 0~100℃。

(2)乳稠计(密度计) 20℃/4℃。

(3)玻璃圆筒或200~250 mL 量筒 圆筒或量筒高度应大于乳稠计的长度,其直径大小应使在沉入乳稠计时使乳稠计周边和圆筒或量筒内壁的距离不小于5 mm。

二、任务实施

(1)乳稠计(图 1-1)和量筒(图 1-2)洗净,晾干备用。

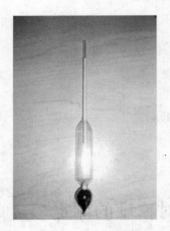

图 1-1 乳稠剂

图 1-2 量筒

(2)样品处理。将被测牛乳混匀,降温至 20℃。

(3)加注乳样与测温。将乳样小心地沿量筒壁注入 250 mL 量筒中,高度大于乳稠计长度,加到量筒容积的 3/4 时为止。注入牛乳时应防止牛乳发生泡沫并测量试样温度。

(4)测量与计数。手持乳稠计上部,将乳稠计小心地沉入乳样中,让其慢慢沉入待测的样品中,轻轻按下少许(乳稠计沉入试样中到相当刻度 30°处),使乳稠计上端被检测液湿润,自然上升,直至静止(注意防止乳稠计与量筒壁接触)。等乳稠计静止 2～3 min 后,双眼对准筒内乳液表面的高度,取凹液面的上缘,读出乳稠计示值(由于牛乳表面与乳稠计接触处形成新月形,取此新月形表面的顶点处乳稠计标尺的高度)。

如果用 20℃/4℃乳稠计,可按下法计算:测定时乳的温度高于 20℃时,每高出 1℃乳稠计读数须加上 0.2°;乳的温度低于 20℃时,则每降低 1℃乳稠计读数须减去 0.2°。

[例 1]　温度 16℃时乳稠计读数为 31°,则 20℃时应为:

31°-(20-16)×0.2°=31°-0.8°=30.2°,即该乳的相对密度为 1.030 2。

[例 2]　温度 25℃时乳稠计读数为 29.8°,则 20℃时应为:

29.8°+(25-20)×0.2°=29.8°+1.0°=30.8°,即该乳的相对密度为 1.030 8。

三、注意事项

(1)测定中注入样液时不可产生气泡。要根据被测样液的相对密度大小选用合适刻度范围的乳稠计,否则乳稠计在溶液中过于上浮或下沉时可能撞击量筒底部而损坏。

(2)样液温度如果不是 20℃,需进行温度校正。

四、考核评价

优秀　能按照操作程序独立完成乳相对密度的测定,结果准确,并能按照有关标准,正确判定乳的新鲜度及掺伪掺假情况。

良好　能按照操作程序基本完成乳相对密度的测定,结果准确,并能正确判定乳的新鲜度及掺伪掺假情况。

及格　在教师的指导下,能完成乳相对密度的测定,结果基本准确,并能判定乳的新鲜度及掺伪掺假情况。

不及格　在教师的指导下,虽能完成乳相对密度的测定,但测定结果误差较大,无法判定乳的新鲜度及掺伪掺假情况。

五、思考与练习题

1.简述乳相对密度的测定方法。

2.简述乳相对密度的换算。

六、知识链接

牛奶掺假的检验

1. 掺水的检验

其实牛奶中本身有 88% 左右的水分,要想真正确定牛奶是否掺水用感官鉴别是不太准确的,需要借助一些专门的检测仪器,常用的鉴别方法有:

(1)测相对密度　　正常牛奶在 15℃ 时的相对密度为 1.028~1.034,平均1.030。掺水的牛奶相对密度会降低,当相对密度低于 1.028 则有掺水之疑,若相对密度低于 1.026 时可认为掺水,而且掺水越多,相对密度越低。相对密度常用乳稠计测定。检验牛奶掺水,最好是测乳清的相对密度,因为乳清的主要成分是乳糖和矿物质,它们的含量是恒定的,因此乳清的相对密度比全乳更稳定。乳清的相对密度为 1.027~1.032,若低于 1.027 可判为掺水。

(2)测冰点　　这是判断牛奶掺水比较准确可靠的方法。正常牛奶的冰点为 −0.55℃,变动范围在 −0.525 ~ −0.565℃ 之间。掺水的牛奶冰点升高,掺水10%,冰点约上升 0.054℃。测定牛奶的冰点常用霍尔伐特氏冰点测定器。由于酸败的牛奶冰点降低,所以测定冰点必须要求是酸度在 20°T 以内的新鲜乳。

2. 掺碱(碳酸钠)的检验

(1)原理　　鲜乳保藏不好时酸度往往升高,加热煮沸时会发生凝固。为了避免被检出高酸度乳,有时向乳中加碱,感官检查时对色泽发黄,有碱味,口尝有涩味的乳应进行掺碱检验,常用玫瑰红酸定性法。玫瑰红酸的 pH 测定范围为 6.9~8.0,遇到加碱而呈碱性的乳,其颜色由肉桂黄色(棕黄色)变为玫瑰红色。

(2)材料、试剂及仪器　　试管 1 支,0.05% 玫瑰红酸酒精溶液(溶解 0.05 g 玫瑰红酸于 100 mL 95% 酒精中)。

(3)操作步骤　　取 5 mL 乳样,向其中加入 5 mL 玫瑰红酸酒精溶液,摇匀,乳呈肉桂黄色为正常,呈玫瑰红色为加碱,加碱越多,玫瑰红色越鲜艳。

3. 掺淀粉的检验

(1)原理　　掺水的牛乳,乳汁变得稀薄,相对密度降低,向乳中掺入淀粉可使乳变稠,相对密度接近正常,对有沉淀的乳,应进行掺淀粉的检验。

(2)材料、试剂及仪器　　碘溶液(取碘化钾 4 g 溶于少量蒸馏水中,然后用此溶液溶解结晶碘 2 g,移入 100 mL 容量瓶,加水至刻度即可),试管 2 支,5 mL 移液管 1 支。

(3)操作步骤　　取样品 5 mL 注入试管中,加入碘溶液 2~3 滴,摇动后有蓝紫色物沉于管底,说明掺有淀粉类物质。

4.掺盐的检验

(1)原理　向乳中掺盐,可以提高乳的相对密度和冰点,口尝有咸味的乳有掺盐的可能,需进行掺盐检验。

(2)材料、试剂及仪器　0.01 mol/L 硝酸银溶液,10％铬酸钾水溶液,试管1 支,1 mL 移液管1 支。

(3)操作步骤　取乳样 1 mL 于试管中,滴入 10％铬酸钾 2～3 滴后,再加入0.01 mol/L 硝酸银溶液 5 mL 摇匀,观察溶液颜色。溶液呈黄色表明掺有食盐,呈棕红色表明未掺食盐。

任务二　牛乳新鲜度的测定

【知识目标】

熟悉乳新鲜度的基本检验方法。

【能力目标】

能够判断原料乳的新鲜度。

一、酒精试验

(一)任务准备

1.材料

牛乳。

2.试剂

68％的中性酒精。

3.仪器

试管、1 mL 刻度移液管、洗耳球。

(二)任务实施

取 2～3 mL 乳样注入试管内,加入等量 68％的中性酒精,转动试管,充分摇匀,观察有无絮状沉淀(对半酒精试验)。如果没有沉淀,加双倍酒精再试(双倍酒精试验)。

(三)注意事项

(1)在对半酒精试验中不出现絮片,表示牛乳酸度在 20°T 以下;在双倍酒精试验中不出现絮片,则牛乳酸度在 17°T 以下。

(2)要使用 68% 的中性酒精。

(3)等量的酒精和鲜乳混匀时,一定是酒精往鲜乳里倒。

二、煮沸试验

(一)任务准备

1.材料

牛乳。

2.仪器

水浴锅、酒精灯、5 mL 吸管、20 mL 试管。

(二)任务实施

取 3～4 mL 乳样于清洁试管中,在酒精灯上加热煮沸(图 1-3A),或在沸水浴中保持数分钟,然后进行观察。如果产生絮片或发生凝固(图 1-3B),则表示乳不新鲜,酸度大于 22°T 或混有初乳。牛乳凝固情况与酸度的关系见表 1-1。

图 1-3　煮沸试验

表 1-1　牛乳凝固情况与酸度的关系

牛乳的酸度/°T	凝固情况	牛乳的酸度/°T	凝固情况
18	不凝固	40	加热至 60℃时凝固
22	不凝固	60	加热至 40℃时凝固
26	凝固	90	16℃即自行凝固
30	加热至 77℃时凝固		

(三)注意事项

牛乳的煮沸试验同样也可以确定牛乳蛋白质的稳定性。此法不太常用,仅在生产前牛乳酸度较高时做补充试验用,以确定牛乳能否使用,以免牛乳杀菌时凝固。

三、美蓝(还原酶)试验

(一)任务准备

1. 材料

牛乳。

2. 试剂

美蓝溶液,硫氰酸根美蓝 75 mg/L 或美蓝氰化物 70 mg/L,用煮沸过的蒸馏水配制。

3. 仪器

试管 20 mm×200 mm;水浴锅,可恒温到 38℃。

(二)任务实施

(1)吸取 10 mL 牛奶于灭菌试管中,在水浴锅中加热到 38℃,再加入美蓝溶液 1 mL,混匀。

(2)将试管放入水浴中,每隔 10～15 min 观察一次试管内容物褪色情况,并记录每个样品的褪色时间(图 1-4)。

(3)根据试管内容物褪色时间,确定乳中的细菌数。判定标准见表 1-2。

图 1-4　美蓝试验

表 1-2　褪色时间与细菌数的关系

美蓝的褪色时间	1 mL 乳中的细菌数
5.5 h 以上	小于 50 万
2～5.5 h	50 万～400 万
20 min 至 2 h	400 万～2 000 万
20 min 以内	大于 2 000 万

（三）注意事项

试验所用试管需在 160℃保温 1 h 干热灭菌；所用胶塞应在 100 kPa 杀菌锅中保温杀菌 10 min，或煮沸 30 min。

四、考核评价

优秀　能按照操作程序独立完成乳新鲜度［即酒精试验、煮沸试验、美蓝（还原酶）试验］的测定，结果准确，并能按照有关标准，正确判定乳的新鲜程度。

良好　能按照操作程序基本独立完成乳新鲜度［即酒精试验、煮沸试验、美蓝（还原酶）试验］的测定，结果准确，并能正确判定乳的新鲜程度。

及格　在教师的指导下，能完成乳新鲜度［即酒精试验、煮沸试验、美蓝（还原酶）试验］的测定，结果基本准确，并能判定乳的新鲜程度。

不及格　在教师的指导下，虽能完成乳新鲜度［即酒精试验、煮沸试验、美蓝（还原酶）试验］的测定，但结果误差较大，无法判定乳的新鲜程度。

五、思考与练习题

1. 正常乳的酸度是多少？
2. 测定乳酸度时的注意事项有哪些？
3. 如何正确使用酒精灯？
4. 加热试管时应注意哪些事项？
5. 简述酸碱中和原理及其在乳品检验中的应用。
6. 判断原料乳新鲜度的指标有哪些？

六、知识链接

（一）酸碱滴定法的原理

用 0.1 mol/L 氢氧化钠标准碱液滴定乳与乳制品中的酸，中和生成盐，用酚酞做指示剂。当滴定终点（pH＝8.2，指示剂显浅红色，30 s 不褪色）时，根据耗用的标准碱液的体积，计算出乳总酸的含量。

（二）酒精试验的原理

一定浓度的酒精能使高于一定酸度的牛乳蛋白产生沉淀。乳中蛋白质沉淀现象与乳的酸度成正比，即凝固现象愈明显，酸度愈大，否则相反。乳中酪蛋白胶粒带有负电荷，具有亲水性，胶粒周围形成了结合水层，所以酪蛋白在乳中以稳定的胶体状态存在。当乳的酸度增高时，酪蛋白胶粒带有的负电荷被氢离子中和。酒精具有脱水作用,浓度愈大,脱水作用愈强。酪蛋白胶粒周围的结合水层易被酒精脱去而发生絮结沉淀。

（三）美蓝（还原酶）试验的原理

美蓝试验是用来判断原料乳新鲜程度的一种色素还原试验。新鲜乳加入美蓝后染为蓝色。如污染大量微生物产生还原酶则使颜色逐渐变浅,直至无色,通过测定颜色变化时间,间接推断出鲜奶的卫生质量。

任务三　肉新鲜度的评定

【知识目标】

熟悉肉的取样和新鲜度评定方法。

【能力目标】

能够对原料肉品质做出综合评定。

一、任务准备

1. 材料

猪半胴体。

2. 仪器

肉色评分标准图、大理石纹评分图、定性中速滤纸、酸度计、圆形取样器、钢环允许膨胀压缩仪、LM-嫩度计、书写用硬质塑料板、分析天平。

二、任务实施

1. 肉色

猪宰后 2~3 h 内取最后胸椎处背最长肌的新鲜切面,在室内正常光线下用目测评分法评定,评分标准见表 1-3。应避免在阳光直射或室内阴暗处评定。

表 1-3　肉色评分标准

项目	灰白	微红	正常鲜红	微暗红	暗红
评分	1	2	3	4	5
结果	劣质肉	不正常肉	正常肉	正常肉	正常肉

注:此表参照美国《肉色评分标准表》,因我国的猪肉肉色较深,故评分 3~5 者为正常。

2. 肉的酸碱度

宰杀后在 45 min 内直接用酸度计测定背最长肌的酸碱度。测定时先用金属棒在肌肉上刺一个孔,按国际惯例,用最后胸椎背最长肌中心处的 pH 表示。正常肉的 pH 为 6.1～6.4,灰白水样肉(PSE)的 pH 一般为 5.1～5.5。

3. 肉的保水性

测定保水性使用最普遍的方法是压力法,即施加一定的重量或压力,测定被压出的水量与肉重之比(水量除以肉量)。我国现行的测定方法是用 35 kg 重量压力法度量肉样的失水率,失水率愈高,系水率愈低,保水性愈差。

(1)取样   在第 1～2 腰椎背最长肌处切取 1.0 mm 厚的薄片,平置于干净橡皮片上,再用直径 2.523 cm 的圆形取样器切取中心部肉样。

(2)测定   切取的肉样用感量为 0.001 g 的天平称重后,将肉样置于两层纱布间,上下各垫 18 层定性中速滤纸,滤纸外各垫一块书写用硬质塑料板,然后放置于改装钢环允许膨胀压缩仪上,用均速摇动把加压至 35 kg,保持 5 min,解除压力后立即称量肉样重。

(3)计算

$$失水率 = \frac{加压后肉样重}{加压前肉样重} \times 100\%$$

计算系水率时,需在同一部位另采肉样 50 g,测定含水量后按下列公式计算:

$$系水率 = \frac{肌肉总重量 - 肉样失水量}{肌肉总水分含量} \times 100\%$$

4. 肉的嫩度

嫩度评定分为主观评定和客观评定两种方法。

(1)主观评定   主观评定依靠舌与颊对肌肉的触觉与咀嚼的难易程度等进行综合评定,又称感官评定。感官评定比较接近正常食用条件下对嫩度的评定,但评定人员须经专门训练。感官评定可从以下三个方面进行:a. 咬断肌纤维的难易程度;b. 咬碎肌纤维的难易程度或达到正常吞咽程度时的咀嚼次数;c. 剩余残渣量。

(2)客观评定   用肌肉嫩度计(LM-嫩度计)测定剪切力的大小来客观表示肌肉的嫩度。实验表明,剪切力与主观评定之间的相关系数达 0.60～0.85,平均为 0.75。测定时在一定温度下将肉样煮熟,用直径为 1.27 cm 的取样器切取肉样,在室温条件下置于剪切仪上测量剪切肉样所需的力,用 kg 表示,其数值越小,肉越嫩。重复三次计算平均值。

5. 大理石纹

大理石纹反映了一块肌肉可见脂肪的分布状况,通常以最后一个胸椎处的背最长肌为代表,用目测评分法评定:脂肪只有痕迹评 1 分;微量脂肪评 2 分;少量脂肪评 3 分;适量脂肪评 4 分;过量脂肪评 5 分。如果评定鲜肉时脂肪不清楚,可将肉样置于冰箱内在 4℃下保持 24 h 后再评定。

6. 熟肉率

将完整腰大肌用感量为 0.1 g 的天平称重后,置于蒸锅屉上蒸 45 min,取出后冷却 30～40 min 或吊挂于室内无风阴凉处 30 min,称重,用下列公式计算:

$$熟肉率 = \frac{蒸煮后肉样重}{蒸煮前肉样重} \times 100\%$$

三、注意事项

嫩度的意义为肉在咀嚼时对碎裂的抵抗力,常指煮熟肉的品质柔软、多汁和易被嚼烂的程度,在口腔的感觉上可包括三个方面:

(1)开始时牙齿咬入肉内是否容易。

(2)肉是否容易裂成碎片。

(3)咀嚼后剩渣的分量。

四、考核评价

优秀 能按照操作程序独立完成肉的取样和新鲜度评定,结果准确,并能按照有关标准,正确判定肉的质量等级。

良好 能按照操作程序基本完成肉的取样和新鲜度评定,结果基本准确,并能按照有关标准,正确判定肉的质量等级。

及格 在教师的指导下,能完成肉的取样和新鲜度评定,结果基本准确,并能判定肉的质量等级。

不及格 在教师的指导下,虽能完成肉的取样和新鲜度评定,但结果误差较大,无法判定肉的质量等级。

五、思考与练习题

1. 根据实验结果,对原料肉品质做出综合评定,写出实训报告。

2. 试述熟肉率的计算方法。

3. 试述肉系水率的计算方法。

六、知识链接

(一)肉的化学性质

1. 风味物质(表 1-4)

(1)硫胺素降解　肉在烹调过程中有大量物质发生降解,其中硫胺素(维生素 B_1)降解所产生的少量硫化氢(H_2S)对肉的风味,尤其是牛肉味的生成至关重要。H_2S 本身是一种呈味物质,更重要的是它可以与呋喃酮等杂环化合物反应生成含硫杂环化合物,赋予肉强烈的香味,其中 2-甲基-3-呋喃硫醇被认为是肉中最重要的芳香物质。

(2)腌肉风味　亚硝酸盐是腌肉的主要特色成分,它除了有发色作用外,对腌肉的风味也有重要影响。亚硝酸盐(抗氧化剂)抑制了脂肪的氧化,所以腌肉体现了肉的基本滋味和香味,减少了脂肪氧化所产生的具有种类特色的风味以及过热味。

表 1-4　肉风味的影响因素

因素	影响
年龄	年龄愈大,风味愈浓
物种	物种间风味差异很大,主要由脂肪酸组成差异造成
	物种间除风味外还有特征性异味,如羊膻味、猪味、鱼腥味等
脂肪	风味的主要来源之一
氧化	氧化加速脂肪产生酸败味,随温度增加而加速
饲料	饲料中鱼粉腥味、牧草味,均可带入肉中
性别	未去势公猪,因性激素缘故,有强烈异味,公羊膻腥味较重,牛肉风味受性别影响较小
腌制	抑制脂肪氧化,有利于保持肉的原味
细菌繁殖	产生腐败味

2. 肉的嫩度

肉的嫩度是消费者最重视的食用品质之一,它决定了肉在食用时口感的老嫩,是反映肉质地的指标。

(1)嫩度的概念　所谓肉嫩或老实质上是对肌肉各种蛋白质结构特性的总体概括,它直接与肌肉蛋白质的结构及某些因素作用下蛋白质发生变性、凝集或分解有关。肉的嫩度总结起来包括以下四方面的含义:

①肉对舌或颊的柔软性　即当舌与颊接触肉时产生的触觉反应。肉的柔软性

变动很大,从软乎乎的感觉到木质化的结实程度。

②肉对牙齿压力的抵抗性 即牙齿插入肉中所需的力。有些肉硬得难以咬动,而有的柔软得几乎对牙齿无抵抗性。

③咬断肌纤维的难易程度 指牙齿切断肌纤维的能力,首先要咬破肌外膜和肌束,因此与结缔组织的含量和性质密切相关。

④嚼碎程度 用咀嚼后肉渣剩余的多少以及咀嚼后到下咽时所需的时间来衡量。

(2)影响肌肉嫩度的因素 影响肌肉嫩度的实质主要是结缔组织的含量与性质及肌原纤维蛋白的化学结构状态。它们受一系列因素的影响而变化,从而导致肉嫩度的变化。影响肌肉嫩度的宰前因素也很多,主要有如下几项(表 1-5):

表 1-5 影响肉嫩度的因素

因素	影响
年龄	一般年龄愈大,肉亦愈老
运动	一般运动多的肉较老
性别	公畜肉一般较母畜和阉畜肉老
大理石纹	与肉的嫩度有一定程度的正相关
成熟(aging)	改善嫩度
品种	不同品种的畜禽肉在嫩度上有一定差异
电刺激	可改善嫩度
成熟(conditioning)	尽管与 aging 一样均指成熟,但又特指将肉放在 $10\sim15℃$ 环境中解僵,这样可以防止冷收缩
肌肉	肌肉不同,嫩度差异很大,由其中的结缔组织的量和质不同所致
僵直	动物宰后将发生死后僵直,此时肉的嫩度下降,僵直过后,成熟肉的嫩度得到恢复
解冻僵直	导致嫩度下降,损失大量水分

①畜龄 一般说来,幼龄家畜的肉比老龄家畜嫩,但前者的结缔组织含量反而高于后者。其原因在于幼龄家畜肌肉中胶原蛋白的交联程度低,易受加热作用而裂解。而成年动物胶原蛋白的交联程度高,不易受热和酸、碱等的影响。如肌肉加热时胶原蛋白的溶解度,犊牛为 $19\%\sim24\%$,2 岁阉公牛为 $7\%\sim8\%$,而老龄牛仅为 $2\%\sim3\%$。

②肌肉的解剖学位置 牛的腰大肌最嫩,胸头肌最老,据测定腰大肌中羟脯氨酸含量也比半腱肌少得多。经常使用的肌肉,如半膜肌和股二头肌,比不经常使用

的肌肉(腰大肌)的弹性蛋白含量多。同一肌肉的不同部位嫩度也不同,如猪背最长肌的外侧比内侧部分要嫩,牛的半膜肌从近端到远端嫩度下降。

③营养状况　凡营养良好的家畜,肌肉脂肪含量高,大理石纹丰富,肉的嫩度好。肌肉脂肪有冲淡结缔组织的作用,而消瘦动物的肌肉脂肪含量低,肉质老。

④尸僵和成熟　宰后尸僵发生时,肉的硬度会大大增加。因此肉的硬度又有固有硬度和尸僵硬度之分,前者为刚宰后和成熟时的硬度,而后者为尸僵发生时的硬度。肌肉发生异常尸僵时,如冷收缩和解冻僵直,肌肉发生强烈收缩,从而使硬度达到最大。一般肌肉收缩时短缩度达到 40%时,肉的硬度最大,而超过 40%反而变为柔软,这是由于肌动蛋白的细丝过度插入而引起 Z 线断裂所致,这种现象称为"超收缩"。僵直解除后,随着成熟的进行,硬度降低,嫩度随之提高,这是由于成熟期间尸僵硬度逐渐消失,Z 线易于断裂之故。

⑤加热处理　加热对肌肉嫩度有双重效应,它既可以使肉变嫩,又可使其变硬,这取决于加热的温度和时间。加热可引起肌肉蛋白质变性,从而发生凝固、凝集和短缩现象。当温度在 65~75℃时,肌肉纤维的长度会收缩 25%~30%,从而使肉的嫩度降低,但另一方面,肌肉中的结缔组织在 60~65℃会发生短缩,而超过这一温度会逐渐转变为明胶,从而使肉的嫩度得到改善。结缔组织中的弹性蛋白对热不敏感,所以有些肉虽然经过很长时间的煮制仍很老,这与肌肉中弹性蛋白的含量高有关。

(3)肉的嫩化技术

①电刺激　近十几年来对宰后用电直接刺激胴体以改善肉的嫩度进行了广泛研究,尤其对于羊肉和牛肉,电刺激提高肉嫩度的机制尚未充分明了,主要是加速肌肉的代谢,从而缩短尸僵的持续期并降低尸僵的程度,此外,电刺激可以避免羊胴体和牛胴体产生冷收缩。

②酶法　利用蛋白酶类可以嫩化肉,常用的酶为植物蛋白酶,主要有木瓜蛋白酶、菠萝蛋白酶和无花果蛋白酶,商业上使用的嫩肉粉多为木瓜蛋白酶。酶对肉的嫩化作用主要是对蛋白质的裂解所致,所以使用时应控制酶的浓度和作用时间,如酶解过度,则食肉会失去应有的质地并产生不良味道。

③醋渍法　将肉在酸性溶液中浸泡可以改善肉的嫩度。据试验,溶液 pH 介于 4.1~4.6 时嫩化效果最佳,用酸性红酒或醋来浸泡肉较为常见,不但可以改善嫩度,还可以增加肉的风味。

④压力法　给肉施加高压可以破坏肌纤维中亚细胞结构,使大量 Ca^{2+} 释放,同时也释放组织蛋白酶,使得蛋白水解活性增强,一些结构蛋白质被水解,从而导致肉的嫩化。

⑤碱嫩化法　用肉质量 0.4%～1.2% 的碳酸氢钠或碳酸钠溶液对牛肉进行注射或浸泡腌制处理，可以显著提高 pH 和保水能力，降低烹饪损失，改善熟肉制品的色泽，使结缔组织的热变性提高，而使肌原纤维蛋白对热变性有较大的抗性，所以肉的嫩度提高。

3. 肉的保水性

（1）保水性的概念　肉的保水性即持水性、系水性，指肉在压榨、加热、切碎、搅拌等外界因素的作用下，保持原有水分和添加水分的能力。肉的保水性是一项重要的肉质性状，这种特性对肉品加工的质量和产品的数量都有很大影响。

（2）保水性的理化基础　肌肉中的水是以结合水、不易流动水和自由水三种形式存在的。其中不易流动水主要存在于细胞内、肌原纤维及膜之间，度量肌肉的保水性主要指的是这部分水，它取决于肌原纤维蛋白质的网状结构及蛋白质所带静电荷的多少。蛋白质处于膨胀胶体状态时，网状空间大，保水性高，反之处于紧缩状态时，网状空间小，保水性低。

（3）影响保水性的因素

①pH　pH 对保水性的影响实质是蛋白质分子的静电荷效应。蛋白质分子所带的净电荷对蛋白质的保水性具有两方面的意义：其一，净电荷是蛋白质分子吸引水的强有力的中心；其二，由于净电荷使蛋白质分子间具有静电斥力，因而可以使其结构松弛，增加保水效果。对肉来讲，净电荷如果增加，保水性就得以提高，净电荷减少，则保水性降低。

添加酸或碱来调节肌肉的 pH，并借加压方法测定其保水性时可知，保水性随 pH 的高低而发生变化。当 pH 在 5.0 左右时，保水性最低。保水性最低时的 pH 几乎与肌动球蛋白的等电点一致。如果稍稍改变 pH，就可引起保水性的很大变化。任何影响肉 pH 变化的因素或处理方法均可影响肉的保水性，尤以猪肉为甚。在肉制品加工中常用添加磷酸盐的方法来调节 pH 至 5.8 以上，以提高肉的保水性。

②动物因素　畜禽种类、年龄、性别、饲养条件、肌肉部位及屠宰前后处理等，对肉的保水性都有影响。兔肉的保水性最佳，依次为牛肉、猪肉、鸡肉、马肉。就年龄和性别而论，去势牛＞成年牛＞母牛、幼龄牛＞老龄牛，成年牛随体重增加而保水性降低。试验表明：猪的冈上肌保水性最好，依次是胸锯肌＞腰大肌＞半膜肌＞股二头肌＞臀中肌＞半腱肌＞背最长肌。其他骨骼肌较平滑肌为佳，颈肉、头肉比腹部肉、舌肉的保水性好。

③尸僵和成熟　当 pH 降至 5.4～5.5，达到了肌原纤维的主要蛋白质肌球蛋白的等电点，即使没有蛋白质的变性，其保水性也会降低。此外，由于三磷酸腺苷

(ATP)的丧失和肌动球蛋白的形成,使肌球蛋白和肌动蛋白间有效空隙大为减少。这种结构的变化,则使其保水性也大为降低。而蛋白质某种程度的变性,是动物死后不可避免的结果。肌浆蛋白质在高温、低 pH 的作用下沉淀到肌原纤维蛋白质之上,进一步影响了后者的保水性。

僵直期(1~2 d)后,肉的水合性徐徐升高,而僵直逐渐解除。一种原因是由于蛋白质分子分解成较小的单位,从而引起肌肉纤维渗透压增高;另一种原因可能是引起蛋白质净电荷(实效电荷)增加及主要价键断裂,使蛋白质结构疏松,并有助于蛋白质水合离子的形成,因而肉的保水性增加。

④无机盐 一定浓度食盐具有增加肉保水能力的作用。这主要是因为食盐能使肌原纤维发生膨胀。在一定浓度食盐存在下,大量氯离子被束缚在肌原纤维间,增加了负电荷引起的静电斥力,导致肌原纤维膨胀,使保水性增强。在这些纤维状肌肉蛋白质加热变性的情况下,将水分和脂肪包裹起来凝固,使肉的保水性提高。通常肉制品中食盐含量在 3% 左右。

磷酸盐能结合肌肉蛋白质中的 Ca^{2+}、Mg^{2+},使蛋白质的羧基被解离出来。由于羧基间负电荷的相互排斥作用使蛋白质结构松弛,提高了肉的保水性。磷酸盐在较低的浓度下就具有较高的离子强度,使处于凝胶状态的球状蛋白质的溶解度显著增加,提高了肉的保水性。焦磷酸盐和三聚磷酸盐可将肌动球蛋白解离成肌球蛋白和肌动蛋白,使肉的保水性提高。肌球蛋白是决定肉的保水性的重要成分。但肌球蛋白对热不稳定,其凝固温度为 42~51℃,在盐溶液中 30℃ 就开始变性。肌球蛋白过早变性会使其保水能力降低。聚磷酸盐对肌球蛋白变性有一定的抑制作用,可使肌肉蛋白质的保水能力稳定。

⑤加热 肉加热时保水能力明显降低,加热程度越高保水力下降越明显。这是由于蛋白质的热变性作用,使肌原纤维紧缩,空间变小,不易流动水被挤出。

（二）肉的物理性质

1. 体积质量

肉的体积质量是指单位体积的质量,一般用 kg/m^3 表示。体积质量的大小与动物种类、肥度有关,脂肪含量多则体积质量小。如去掉脂肪的牛、羊、猪肉体积质量为 1 020~1 070 kg/m^3,猪肉为 940~960 kg/m^3,牛肉为 970~990 kg/m^3,猪脂肪为 850 kg/m^3。

2. 比热容

肉的比热容为 1 kg 肉升降 1 K 所需的热量(以 J 计),单位为 $J/(kg·K)$,它受肉的含水量和脂肪含量的影响,含水量多比热容大,其冻结或溶化潜热增高,肉中脂肪含量多则相反。

3.热导率

肉的热导率是指肉在一定温度下,每小时每米传导的热量(以 kJ 计)。热导率受肉的组织结构、部位及冻结状态等因素影响,很难准确测定。肉的热导率大小决定肉冷却、冻结及解冻时温度升降的快慢。肉的热导率随温度下降而增大。因冰的热导率比水大 4 倍,因此,冻肉比鲜肉更易导热。

4.冰点

肉的冰点是指肉中水分开始结冰的温度,也叫冻结点。它取决于肉中盐类的浓度,浓度愈高,冰点愈低。纯水的冰点为 $0℃$,肉中含水分 $60\%\sim70\%$,并且有各种盐类,因此冰点低于水。一般猪肉、牛肉的冻结点为 $-1.2\sim-0.6℃$。

(三)肉的成熟与变质

畜禽屠宰后,屠体的肌肉内部在组织酶和外界微生物的作用下,发生一系列生化变化。动物刚屠宰后,肉温还没有散失,柔软具有较小的弹性,这种处于生鲜状态的肉称作热鲜肉。经过一定时间,肉的伸展性消失,肉体变为僵硬状态,这种现象称为死后僵直,此时加热不易煮熟,保水性差,加热后重量损失大,不适于加工肉制品。随着贮藏时间的延长,僵直缓解,经过自身解僵,肉变得柔软,同时保水性增加,风味提高,此过程称作肉的成熟。成熟肉在不良条件下贮存,经酶和微生物的作用,分解变质,称作肉的腐败。畜禽屠宰后肉的变化为:尸僵、成熟、腐败等一系列变化。在肉品工业生产中,要控制尸僵、促进成熟、防止腐败。

1.肉的尸僵

(1)尸僵的概念　指畜禽屠宰后的肉尸,肉的伸展性逐渐消失,由弛缓变为紧张,无光泽,关节不能活动,呈现僵硬状态,称作尸僵。

(2)尸僵发生的原因　尸僵主要是由于 ATP 的减少及 pH 的下降所致。动物屠宰后,呼吸停止,失去神经调节,生理代谢机能遭到破坏,维持肌质网微小器官机能的 ATP 水平降低,势必使肌质网机能失常,肌小胞体失去钙泵作用,Ca^{2+} 失控逸出而不被收回。高浓度 Ca^{2+} 激发了肌球蛋白 ATP 酶的活性,从而加速 ATP 的分解。同时使 Mg-ATP 解离,最终使肌动蛋白与肌球蛋白结合形成肌动球蛋白,引起肌肉的收缩,表现为僵硬。动物死后,呼吸停止,在缺氧情况下糖原酵解产生乳酸,同时磷酸肌酸分解为磷酸,酸性产物的蓄积使肉的 pH 下降。尸僵时肉的 pH 降低至糖酵解酶活性消失不再继续下降时,达到最终 pH 或极限 pH。极限 pH 越低,肉的硬度越大。

(3)尸僵肉的特征　处于僵直期的肉,肌纤维粗糙硬固,肉汁变得不透明,有不愉快的气味,食用价值及滋味都较差。尸僵的肉硬度大,加盐时不易煮熟,肉汁流失多,缺乏风味,不具备可食肉的特征。

(4)尸僵开始和持续的时间　因动物的种类、品种、宰前状况、宰后肉的变化及不同部位而异。一般哺乳动物发生较晚,鱼类肉尸发生早,不放血致死较放血致死发生早,温度高发生早,持续时间短;温度低则发生晚,持续时间长(表 1-6)。

表 1-6　不同动物尸僵开始和持续的时间   h

种类	开始时间	持续时间
牛肉尸	死后 10	15～24
猪肉尸	死后 8	72
鸡肉尸	死后 2.5～4.5	6～12
兔肉尸	死后 1.5～4	4～10
鱼肉尸	死后 0.1～0.2	2

2. 肉的成熟

肉达到最大尸僵以后即开始解僵软化进入成熟阶段。

(1)肉成熟的概念　肉成熟是指肉僵直后在无氧酵解酶作用下,食用质量得到改善的一种生物化学变化过程。肉僵硬过后,肌肉开始柔软嫩化,变得有弹性,切面富水分,具有愉快香气和滋味,且易于煮烂和咀嚼,这种肉称为成熟肉。

(2)成熟的基本机制　肉在成熟期间,肌原纤维和结缔组织的结构发生明显的变化。

①肌原纤维小片化　刚屠宰后的肌原纤维和活体肌肉一样,呈 10～100 个肌节相连的长纤维状,而在肉成熟时则断裂为 1～4 个肌节相连的小片状。

②结缔组织的变化　肌肉中结缔组织的含量虽然很低(占总蛋白的 5% 以下),但是由于其性质稳定、结构特殊,在维持肉的弹性和强度上起着非常重要的作用。在肉的成熟过程中胶原纤维的网状结构变松弛,由规则、致密的结构变成无序、松散的状态。同时,存在于胶原纤维间以及胶原纤维上的黏多糖被分解,这可能是造成胶原纤维结构变化的主要原因。胶原纤维结构的变化,直接导致了胶原纤维剪切力的下降,从而使整个肌肉的嫩度得以改善。

(3)成熟肉的特征　肉呈酸性;肉的横切面有肉汁流出,切面潮湿,具有芳香味和微酸味,容易煮烂,肉汤澄清透明,具肉香味;肉表面形成干膜,有羊皮纸样感觉,可防止微生物的侵入和减少干耗。肉在供食用之前,原则上都需要经过成熟过程来改进其品质,特别是牛肉和羊肉,成熟对提高风味是非常必要的。

(4)成熟对肉质的作用

①嫩度的改善　随着肉成熟的发展,肉的嫩度产生显著的变化。刚屠宰之后

肉的嫩度最好,在极限 pH 时嫩度最差。成熟肉的嫩度有所改善。

②保水性的提高 肉在成熟期间,保水性又有回升。一般宰后 2～4 d,pH 下降,极限 pH 在 5.5 左右,此时水合率为 40%～50%;最大尸僵期以后 pH 为 5.6～5.8,水合率可达 60%。成熟时 pH 偏离了等电点,肌动球蛋白解离,扩大了空间结构和极性吸引,使肉的吸水能力增强,肉汁的流失减少。

③蛋白质的变化 肉在成熟期间,肌肉中许多酶类对某些蛋白质有一定的分解作用,从而促使成熟过程中肌肉中盐溶性蛋白质的浸出性增加。伴随肉的成熟,蛋白质在酶的作用下,肽链解离,使游离的氨基增多,肉水合力增强,变得柔嫩多汁。

④风味的变化 成熟过程中改善肉风味的物质主要有两类,一类是 ATP 的降解物次黄嘌呤核苷酸(IMP),另一类则是组织蛋白酶类的水解产物——氨基酸。随着成熟,肉中浸出物和游离氨基酸的含量增加,多种游离氨基酸存在,但是谷氨酸、精氨酸、亮氨酸、缬氨酸和甘氨酸较多,这些氨基酸都具有增加肉的滋味或有改善肉质香气的作用。

(5)成熟的温度和时间 原料肉成熟温度和时间不同,肉的品质也不同(表 1-7)。

表 1-7 成熟方法与肉品质量

温度/℃	方法	成熟时间	肉质	贮藏性
0～4	低温成熟	长	好	耐贮藏
7～20	中温成熟	较短	一般	不耐贮藏
>20	高温成熟	短	劣化	易腐败

通常在 1℃、硬度消失 80% 的情况下,肉成熟所需时间如下:成年牛肉需 5～10 d,猪肉 4～6 d,马肉 3～5 d,鸡肉 0.5～1 d,羊肉和兔肉 8～9 d。

成熟的时间愈长,肉愈柔软,但风味并不相应地增强。牛肉以 1℃ 11 d 成熟为最佳;猪肉由于不饱和脂肪酸较多,时间长易氧化使风味变劣。羊肉因自然硬度(结缔组织含量)小,通常采用 2～3 d 成熟。

(6)影响肉成熟的因素

①物理因素

a.温度 温度对嫩化速度影响很大,它们之间呈正相关,在 0～40℃ 范围内,每增加 10℃,嫩化速度提高 2.5 倍。当温度高于 60℃ 后,由于有关酶类蛋白变性,导致嫩化速度迅速下降,所以加热烹调终断了肉的嫩化过程。据测试,牛肉在 1℃ 完成 80% 的嫩化需 10 d,在 10℃ 缩短到 4 d,而在 20℃ 只需要 1.5 d。在卫生条件好的环境中,适当提高温度可以缩短成熟期。

b. 电刺激　在肌肉僵直发生后进行电刺激可以加速僵直发展,嫩化也随着提前,减少成熟所需的时间,如一般需要成熟 10 d 的牛肉,应用电刺激后则只需 5 d。

c. 机械作用　肉成熟时,将跟腱用钩挂起,此时主要是腰大肌受牵引。如果将臀部用钩挂起,不但腰大肌短缩被抑制,半腱肌、半膜肌、背最长肌均受到拉伸作用,可以得到较好的嫩度。

②化学因素　宰前注射肾上腺素、胰岛素等使动物在活体时加快糖的代谢过程,肌肉中糖原大部分被消耗或从血液排除,宰后肌肉中糖原和乳酸含量减少,肉的 pH 较高(6.4~6.9),肉始终保持柔软状态。

③生物学因素　基于肉内蛋白酶活性可以促进肉质软化考虑,采用添加蛋白酶强制其软化。用微生物和植物酶,可使固有硬度、尸僵硬度都减小,常用的有木瓜蛋白酶。可以在宰前静脉注射或宰后肌肉注射,宰前注射能够避免脏器损伤和休克死亡。木瓜蛋白酶作用的最适温度≥50℃,低温时也有作用。

3. 肉的变质

(1)变质的概念　肉类的变质是成熟过程的继续。肌肉中的蛋白质在组织酶的作用下,分解生成水溶性蛋白肽及氨基酸,完成了肉的成熟。若成熟继续进行,蛋白质进一步水解,生成胺、氨、硫化氢、酚、吲哚、粪臭素、硫化醇,则发生蛋白质的腐败,同时发生脂肪的酸败和糖的酵解,产生对人体有害的物质,称之为肉的变质。

(2)变质的原因　健康动物的血液和肌肉通常是无菌的,肉类的腐败实际上是由外界污染的微生物在其表面繁殖所致。表面微生物沿血管进入肉的内层,并进而深入肌肉组织。在适宜条件下,侵入肉中的微生物大量繁殖,以各种各样的方式对肉作用,产生许多对人体有害甚至使人中毒的代谢产物。

①微生物对糖类的作用　许多微生物优先利用糖类作为其生长的能源。好气性微生物在肉表面的生长,通常把糖完全氧化成二氧化碳和水。如果氧的供应受阻或因其他原因氧化不完全时,则可有一定程度的有机酸积累,肉的酸味即由此而来。

②微生物对脂肪的腐败作用　微生物对脂肪可进行两类酶促反应:一类是由其所分泌的脂肪酶分解脂肪,产生游离脂肪酸和甘油。霉菌以及细菌中的假单胞菌属、无色菌属、沙门氏菌属等都是能产生脂肪分解酶的微生物。另一类则是由氧化酶通过 β-氧化作用氧化脂肪酸。这些反应的某些产物常被认为是酸败气味和滋味的来源。但是,肉和肉制品中严重的酸败问题不是由微生物引起的,而是因空气中的氧,在光线、温度以及金属离子催化下进行氧化的结果。

③微生物对蛋白质的腐败作用　微生物对蛋白质的腐败作用是各种食品变质

中最复杂的一种,这与天然蛋白质的结构非常复杂,以及腐败微生物的多样性密切相关。有些微生物如梭状芽孢杆菌属、变形杆菌属和假单胞菌属的某些种类,可分泌蛋白质水解酶,迅速把蛋白质水解成可溶性的多肽和氨基酸。而另一些微生物尚可分泌水解明胶和胶原的明胶酶和胶原酶,以及水解弹性蛋白和角蛋白的弹性蛋白酶和角蛋白酶。有许多微生物不能作用于蛋白质,但能对游离氨基酸起作用,将氨基酸氧化生成胺和相应的酮酸,或使氨基酸脱去羧基,生成相应的胺。此外,有些微生物尚可使某些氨基酸分解,产生吲哚、甲基吲哚、甲胺和硫化氢等。在蛋白质、氨基酸的分解代谢中,酪胺、尸胺、腐胺、组胺和吲哚等对人体有毒,而吲哚、甲基吲哚、甲胺、硫化氢等则具恶臭,是肉类变质臭味之所在。

(3)影响肉变质的因素　影响肉腐败变质的因素很多,如温度、湿度、酸度、渗透压、空气中的含氧量等。温度是决定微生物生长繁殖的重要因素,温度越高繁殖发育越快。水分是仅次于温度决定肉食品微生物生长繁殖的因素。一般霉菌和酵母菌比细菌耐受较高的渗透压。酸度对细菌的繁殖极为重要,所以肉的最终酸度对防止肉的腐败具有十分重要的意义。空气中含氧量越高,肉的氧化速度加快,就越易腐败变质。

(四)各种畜禽肉的特征及品质评定

1.各种畜禽肉的特征

(1)牛肉　正常的牛肉呈红褐色,组织硬而有弹性。营养状况良好的牛,肉组织间夹杂着白色的脂肪,形成所谓"大理石状"。有特殊的风味,其成分大约为:水分73%,蛋白质20%,脂肪3%～10%。鉴定牛肉时根据风味、外观、脂肪等即可以大致评定。

(2)猪肉　肉色鲜红而有光泽,因部位不同,肉色有差异。肌肉紧密,富有弹性,无其他异常气味,具有肉的自然香味,脂肪的蓄积量比其他肉多,凡脂肪白而硬且带有芳香味者,一般是优等的肉。

(3)绵羊肉及山羊肉　绵羊肉的纤维细嫩,有一种特殊的风味,脂肪硬。山羊肉带有浓厚的红土色。种公羊有特殊的腥膻味,屠宰时应适当加以处理。幼绵羊及幼山羊的肉,俗称羔羊肉,味鲜美细嫩,有特殊风味。

(4)鸡肉　鸡肉纤维细嫩。部位不同,颜色也有差异,腿部略带灰红色,胸部及其他部分呈白色。脂肪柔软、熔点低。鸡皮组织以结缔组织为主,富于脂肪而柔软,味美。

(5)兔肉　肉色粉红,肉质柔软,具有一种特殊的清淡风味。脂肪在外观上柔软,但熔点高,因兔肉本身味道很清淡。

2.肉品质的感官鉴定

感官鉴定对肉品加工原料选择有重要的作用。感官鉴定主要从以下几个方面进行：视觉——肉的组织状态、粗嫩、黏滑、干湿、色泽等；嗅觉——气味的有无、强弱、香臭、腥臭等；味觉——滋味的鲜美、香甜、苦涩、酸臭等；触觉——坚实、松弛、弹性、拉力等；听觉——检查冻肉、罐头的声音的清脆、混浊及虚实等。

（1）新鲜肉　外观、色泽、气味都正常，肉表面有稍带干燥的"皮膜"，呈浅玫瑰色或淡红色；切面稍带潮湿而无黏性，并具有各种动物肉特有的光泽；肉汁透明，肉质紧密，富有弹性，用手指按摸时凹陷处立即复原；无酸臭味而带有鲜肉的自然香味；骨骼内部充满骨髓并有弹性，骨髓与骨的折断处相齐，骨的折断处发光，腱紧密而具有弹性，关节表面平坦而发光，且渗出液透明。

（2）陈旧肉　肉的表面有时带有黏液，有时很干燥，表面与切口处都比鲜肉暗，切口潮湿而有黏性。如在切口处盖一张吸水纸，会留下许多水迹。肉汁混浊无香味，肉质松软，弹性小，用手指按摸时凹陷处不能立即复原，有时肉的表面发生腐败现象，稍有酸霉味，但深层还没有腐败的气味。

密闭煮沸后有异味，肉汤混浊不清，汤的表面油滴细小，有时带腐败味。骨髓比新鲜的软一些，无光泽，腱柔软，呈灰白色或淡灰色，关节表面为黏液所覆盖，且渗出液混浊。

（3）腐败肉　表面有时干燥，有时非常潮湿而带黏性。通常在肉的表面和切口有霉点，呈灰白色或淡绿色，肉质松软无弹力，用手指按摸时凹陷处不能复原，不仅表面有腐败现象，在肉的深层也有浓厚的酸败味。

密闭煮沸后，有一股难闻的臭味，肉汤呈污秽状，表面有絮片，汤的表面几乎没有油滴。骨髓软弱无弹性，颜色暗黑，腱潮湿呈灰色，为黏液所覆盖。关节表面由黏液深深覆盖，呈血浆状。

任务四　禽蛋的品质鉴定

【知识目标】

熟悉鲜蛋的一般检验方法。

【能力目标】

能够进行鲜蛋的品质鉴定。

一、任务准备

1.材料

鸡蛋。

2.仪器

照蛋器、气室测量规尺、蛋白高度测定仪(或精密游标卡尺)。

二、任务实施

(一)蛋样品的采取

鲜蛋由于经营销售的环节多,数量大,往往来不及一一进行检验,故可采取抽样的方法进行检验。对长期冷藏的鲜鸡蛋、化学贮藏蛋,在贮存过程中也应经常进行抽检,发现问题及时处理。

采样数量,在 50 件以内者,抽检 2 件;50～100 件者,抽检 4 件;100～500 件者,每增加 50 件增抽 1 件(所增不足 50 件者,按 50 件计);500 件以上者,每增加 100 件增抽 1 件(所增不足 100 件者,按 100 件计算)。

(二)蛋的质量鉴定

1.壳蛋检验

(1)感官检验　凭借检验人员的感觉器官鉴别蛋的质量,主要靠眼看、手摸、耳听、鼻嗅 4 种方法进行综合判定。外观检查虽简便,但对蛋的鲜陈、好坏只能有个大概的鉴别。

①检验方法　逐个拿出待检蛋,先仔细观察其形态、大小、色泽、蛋壳的完整性和清洁度等情况;然后仔细观察蛋壳表面有无裂痕和破损等;利用手指摸蛋的表面和掂重,必要时可把蛋握在手中使其互相碰撞以听其声响;最后嗅检蛋壳表面有无异常气味。

②判定标准

A.新鲜蛋　蛋壳表面常有一层粉状物;蛋壳完整而清洁,无粪污、无斑点;蛋壳无凹凸而平滑,壳壁坚实,相碰时发出清脆声而不发哑声;手感发沉。

B.破蛋类

裂纹蛋(哑子蛋):鲜蛋受压或震动使蛋壳破裂成缝而壳内膜未破,将蛋握在手中相碰发出哑声。

格窝蛋:鲜蛋受挤压或震动使蛋壳局部破裂凹下而壳内膜未破。

流清蛋:鲜蛋受挤压、碰撞而破损,蛋壳和壳内膜破裂而蛋白液外流。

C.劣质蛋　外观往往在形态、色泽、清洁度、完整性等方面有一定的缺陷。如腐败蛋外壳常呈乌灰色;受潮霉蛋外壳多污秽不洁,常有大理石样斑纹;孵化或漂洗的蛋,外壳异常光滑,气孔较显露。有的蛋甚至可嗅到腐败气味。

(2)灯光透视法　利用照蛋器的灯光来透视检蛋,可见到气室的大小、内容物的透光程度、蛋黄移动的阴影及蛋内有无污斑、黑点和异物等。灯光照蛋方法简便易行,对鲜蛋的质量有决定性把握。

①检验方法

A. 照蛋　在暗室中将蛋的大头紧贴于照蛋器的洞口上,使蛋的纵轴与照蛋器约呈 30°倾斜,先观察气室大小和内容物的透光程度,然后上下左右轻轻转动,根据蛋内容物移动情况来判断气室的稳定状态和蛋黄、胚盘的稳定程度,以及蛋内有无污斑、黑点和异物等。

B. 气室测量　蛋在贮存过程中,由于蛋内水分不断蒸发,致使气室空间日益增长。因此,测定气室的高度,有助于判定蛋的新鲜程度。气室的测量是由特制的气室测量规尺测量后,加以计算来完成的。气室测量规尺是一个刻有平行线的半圆形切口的透明塑料板。测量时,先将气室测量规尺固定在照蛋孔上缘,将蛋的大头端向上正直地嵌入半圆形的切口内,在照蛋的同时即可测出气室的高度与气室的直径,读取气室左右两端落在规尺刻线上的数值(即气室左、右边的高度),以左右两边高度之和除以 2,即为蛋气室高度。

②判定标准

A.最新鲜蛋　透视全蛋呈橘红色,蛋黄不显现,内容物不流动,气室高 4 mm以内。

B.新鲜蛋　透视全蛋呈红黄色,蛋黄所在处颜色稍深,蛋黄稍有转动,气室高5～7 mm,此系产后约 2 周以内的蛋,可供冷冻贮存。

C.普通蛋　内容物呈红黄色,蛋黄阴影清楚,能够转动,且位置上移,不再居于中央。气室高 7～10 mm,且能动。此系产后 2～3 个月左右的蛋,应快速销售,不宜贮存。

D.可食蛋　因浓蛋白完全水解,蛋黄显见,易摇动,且上浮而接近蛋壳(贴壳蛋)。气室移动,高达 10 mm 以上。这种蛋应快速销售,只作普通食用蛋,不宜作蛋制品加工原料。

E.次品蛋(结合开蛋检查)

热伤蛋:鲜蛋因受热时间较长,胚珠变大,但胚胎不发育(胚胎死亡或未受精)。照蛋时可见胚珠增大,但无血管。

早期胚胎发育蛋:受精蛋因受热或孵化而使胚胎发育。照蛋时,轻者呈现鲜红色小血圈(血圈蛋),稍重者血圈扩大,并有明显的血丝(血丝蛋)。

红贴壳蛋:蛋在贮存时未翻动或受潮所致。蛋白变稀,系带松弛。因蛋黄比重小于蛋白,故蛋黄上浮,且靠边贴于蛋壳上。照蛋时见气室增大,贴壳处呈红色,称红贴壳蛋。打开后蛋壳内壁可见蛋黄粘连痕迹,蛋黄与蛋白界限分明,无异味。

轻度黑贴壳蛋:红贴壳蛋形成日久,贴壳处霉菌侵入生长变黑,照蛋时蛋黄粘壳部分呈黑色阴影,其余部分蛋黄仍呈深红色。打开后可见贴壳处有黄中带黑的粘连痕迹,蛋黄与蛋白界限分明,无异味。

散黄蛋:蛋受剧烈震动,或贮存时空气不流通,受热受潮,在酶的作用下,蛋白变稀,水分渗入蛋黄而使其膨胀,蛋黄膜破裂。照蛋时蛋黄不完整或呈不规则云雾状。打开后黄白相混,但无异味。

轻度霉蛋:蛋壳外表稍有霉迹。照蛋时见壳膜内壁有霉点,打开后蛋液内无霉点,蛋黄蛋白分明,无异味。

F. 变质蛋和孵化蛋

重度黑贴壳蛋:由轻度黑贴壳蛋发展而成。其贴壳的黑色部分超过蛋黄面积的 1/2,蛋液有异味。

重度霉蛋:外表霉迹明显。照蛋时见内部有较大黑点或黑斑。打开后蛋膜及蛋液内均有霉斑,并带有严重霉味。

泻黄蛋:蛋贮存条件不良,微生物进入蛋内并大量生长繁殖,在蛋内微生物作用下,蛋黄膜破裂而使蛋黄与蛋白相混。照蛋时黄白混杂不清,呈灰黄色。打开后蛋液呈灰黄色,变质,混浊,有不愉快气味。

黑腐蛋:又称老黑蛋、臭蛋,是由上述各种劣质蛋和变质蛋继续变质而成。蛋壳呈乌灰色,甚至因蛋内产生的大量硫化氢气体而膨胀破裂,照蛋时全蛋不透光,呈灰黑色,打开后蛋黄蛋白分不清,呈暗黄色、灰绿色或黑色水样弥漫状,并有恶臭味或严重霉味。

晚期胚胎发育蛋(孵化蛋):照蛋时,在较大的胚胎周围有树枝状血丝、血点,或已能观察到小雏体的眼睛或者已有成形的死雏。

以上变质蛋和孵化蛋禁止食用,决不允许加工成蛋制品。

2. 开蛋检验

(1)蛋黄指数的测定

①原理　蛋黄指数(又称蛋黄系数)是蛋黄纵径除以蛋黄横径所得的商。蛋越新鲜,蛋黄膜包得越紧,蛋黄指数就越高;反之,蛋黄指数就越低。因此,蛋黄指数可表明蛋的新鲜程度。

②操作方法　把鸡蛋打在一洁净、干燥的平底白瓷盘内,用蛋黄指数测定仪量

取蛋黄最高点的高度和最宽处的宽度。测量时注意不要弄破蛋黄膜。

③计算

$$蛋黄指数 = \frac{纵径(mm)}{横径(mm)}$$

④判定标准 新鲜蛋的蛋黄指数一般为 0.36～0.44。

(2)蛋 pH 的测定

①原理 蛋在储存时,由于蛋内 CO_2 逸放,加之蛋白质在微生物和自溶酶的作用下不断分解,使蛋内 pH 向碱性方向变化。

②操作方法 将蛋打开,取 1 份蛋白(全蛋或蛋黄)与 9 份水混匀,用酸度计测定 pH。

③判定标准 新鲜鸡蛋的 pH 为:蛋白 7.3～8.0,全蛋 6.7～7.1,蛋黄 6.2～6.6。

三、注意事项

正确使用照蛋器等。

四、考核评价

优秀 能按照操作程序独立完成鲜蛋的品质检验,结果准确,并能按照有关标准,正确判定鲜蛋的质量等级。

良好 能按照操作程序基本完成鲜蛋的品质检验,结果准确,并能正确判定鲜蛋的质量等级。

及格 在教师的指导下,能完成鲜蛋的品质检验,结果基本准确,并能判定鲜蛋的质量等级。

不及格 在教师的指导下,虽能完成鲜蛋的品质检验,但结果误差较大,无法判定鲜蛋的质量等级。

五、思考与练习题

1.壳蛋的检验方法有哪些?

2.照蛋器的使用规则是什么?

3.气室测量规尺的使用方法如何?

4.开蛋的检验方法有哪些?

5.如何正确判断鲜蛋质量?

六、知识链接

（一）蛋的形态结构及化学组成

蛋可分为蛋壳、蛋白和蛋黄三部分，其化学组成包括蛋白质、脂肪、碳水化合物、矿物质、维生素、酶、色素等成分。

（二）鸡蛋的营养价值

1. 蛋白质

鸡蛋含丰富的优质蛋白，每 100 g 鸡蛋含 12.7 g 蛋白质，两只鸡蛋所含的蛋白质大致相当于 150 g 鱼或瘦肉的蛋白质。鸡蛋蛋白质的消化率较高。鸡蛋中蛋氨酸含量特别丰富，而谷类和豆类都缺乏这种人体必需的氨基酸，所以，将鸡蛋与谷类或豆类食品混合食用，能提高后两者的生物利用率。

2. 脂肪

每 100 g 鸡蛋含脂肪 11.6 g，大多集中在蛋黄中，以不饱和脂肪酸为多，脂肪易被人体吸收。

3. 其他

鸡蛋还含有钾、钠、镁、磷。每 100 g 蛋黄中的铁质达 7 mg，婴儿食用蛋类，可以补充奶类中铁的匮乏。蛋中的磷很丰富，但钙相对不足，所以，将奶类与鸡蛋共同喂养婴儿就可营养互补。鸡蛋中维生素 A、维生素 B_2、维生素 B_6、维生素 D、维生素 E 及生物素的含量也很丰富，特别是在蛋黄中。不过，鸡蛋中维生素 C 的含量比较少，应注意与富含维生素 C 的食品配合食用。

（三）各种蛋类的营养比较

除了鸡蛋，常见的蛋类还有鸭蛋、咸鸭蛋、鹅蛋、鸽蛋、鹌鹑蛋等。它们的营养成分大致相当，但也存在一些细微的不同：

鸡蛋中的胡萝卜素是所有蛋类的蛋黄中最多的。

鸭蛋中蛋氨酸和苏氨酸含量最高。

咸鸭蛋中钙含量高出鸡蛋的 1 倍，与鸽蛋中的钙含量相当。

鹅蛋中的脂肪含量最高，相应的胆固醇和热量也最高，并含最丰富的铁元素和磷元素。

鸽蛋中蛋白质和脂肪含量虽然稍低于鸡蛋，但所含的钙和铁元素均高于鸡蛋。

鹌鹑蛋的蛋白质、脂肪含量都与鸡蛋相当，然而它的核黄素（维生素 B_2）含量是鸡蛋的 2.5 倍。

（四）蛋的卫生评定

1. 有食用价值的蛋

鲜蛋（包括冷藏蛋、化学贮藏蛋）蛋壳应清洁完整；灯光透视，整个蛋呈微红色，蛋黄不见或略见阴影；打开后，蛋黄凸起、完整、有韧性，蛋白澄清透明、稀稠分明。其理化指标应符合 GB 2748—2003 要求。

2. 食用价值降低的蛋

无异味的部分散黄蛋、靠黄蛋、红贴壳蛋、热伤蛋、轻度霉蛋、陈蛋以及未变质的胚胎发育蛋，应及时处理、尽快销售利用。

3. 不能食用的蛋

凡有异味的散黄蛋、泻黄蛋、黑腐蛋、重度黑贴壳蛋、有霉味的重度霉蛋以及属于细菌或确系饲喂棉籽饼引起的绿色蛋白蛋等不得食用，应予废弃。

任务五　蛋的物理性质检验

【知识目标】

熟悉鲜蛋的一般检验方法。

【能力目标】

能够进行鲜蛋物理性质的检验。

一、任务准备

1. 材料

鸡蛋。

2. 试剂

2%复红、2%橘黄 G。

3. 仪器

游标卡尺、天平、蛋压力测定器、蛋壳厚度测定仪、蛋白黄分离器。

二、任务实施

（一）蛋的重量测定

蛋的大小对消费者购买欲望影响很大，而且加工蛋制品时要求蛋的大小一致。

因此,蛋的大小是很重要的物理指标,蛋的大小一般用重量表示。

取不同大小的蛋感官估重,然后用天平称重。如此分批反复练习,以达估重基本准确。

(二)蛋的形状测定

蛋的形状用蛋形指数表示。蛋形指数即蛋的纵径与横径之比;也可用蛋的横径与纵径之比,以百分率表示。

蛋形指数可用蛋形指数计来测定,也可用游标卡尺测量蛋的纵径与最大横径,以 mm 为单位,精确度为 0.5 mm。结果计算:

$$蛋形指数 = \frac{纵径(mm)}{横径(mm)}$$

正常为椭圆形,蛋形指数为 1.30~1.35 或 72%~76%,大于或小于正常值都不符合要求。蛋形指数小于 1.30 者为圆形,大于 1.35 者为椭圆形。比较鸡、鸭和鹅的蛋形指数。

(三)蛋的耐压性测定

蛋的耐压性即蛋最大限度能接受的压力,蛋的耐压性在蛋的包装和运输中有重要的意义,蛋的长轴耐压性比短轴强,筒形蛋耐压性最小。蛋的耐压性用蛋压力测定器测定。

(1)扭松螺旋,将蛋大头向上放置,并调整螺旋至适当的紧度。

(2)将"操作器"打开(由右向左扳动)。

(3)按"开动按钮",计算器转动,当达到能接受的最大力时,计算器上的指针自动停止移动。观察红针所指示的数,即为该蛋的最大耐压力,单位为 MPa。一般耐压性为 0.32~0.4 MPa。

(4)将"操作器"恢复原状(自左向右扳动),取出蛋,并扭动计算器上的调节器,使红针恢复至"0"。

(四)蛋壳厚度测定

用蛋壳厚度测定仪或游标卡尺测定。取蛋壳的不同部位,分别测定其厚度,然后求出平均厚度。也可只取中间部位的蛋壳,除去壳内膜后测出厚度,以此厚度代表该类蛋的蛋壳厚度。

(五)蛋壳结构观察

1.气孔数量

取蛋壳一块,剥下蛋壳膜,用滤纸吸干蛋壳,再用乙醚或酒精除去油脂,然后在蛋壳内面滴上美蓝或高锰酸钾溶液,经 15～20 min,蛋壳表面即显出许多蓝点或紫红点,用低倍显微镜观察并计数 1 cm² 的气孔数。

2.蛋壳结构

取蛋壳一小块,放入 50 mL 烧杯中,加 2 mL 浓盐酸,就可观察到碳酸钙被溶解,二氧化碳产生,最后只剩下一层有机膜。

（六）壳内膜与蛋白膜的结构观察

在气室处用镊子小心取下壳内膜和蛋白膜,于水中展开成薄膜,分别铺在载玻片上,再用 2％复红和 2％橘黄 G(1∶1)混合液滴在膜上染色 10 min,然后用水冲去染色液,用滤纸吸去水分,并在酒精灯上稍烘一下,即可在高倍显微镜下观察其结构。

（七）蛋内容物的观察

1.蛋白结构

将蛋打开,把内容物小心地倒于培养皿中,观察稀薄蛋白和浓厚蛋白,再用剪刀剪穿蛋白层,内稀蛋白就可从剪口处流出,同时观察系带的状况。

2.蛋黄结构

用蛋白黄分离器或窗纱将蛋白和蛋黄分开,观察蛋黄膜,蛋黄上的胚盘状况。为观察蛋黄的层次和蛋黄心,可将蛋煮熟,用快刀沿长轴切开,可看到黄白相间的蛋黄层次和位于中心呈白色的蛋黄心。

（八）禽蛋的组成

在蛋内容物观察时,分别将蛋壳、蛋白和蛋黄称重,并计算其占全蛋重量的百分比。

三、注意事项

正确使用测量工具。

四、考核评价

优秀　能按照操作程序独立完成蛋的物理性质的检测,结果准确,能够正确掌握蛋的全部检验方法。

良好　能按照操作程序基本独立完成蛋的物理性质的检测,结果准确,能够基本掌握蛋的全部检验方法。

及格　在教师的指导下,能完成蛋的物理性质的检测,结果基本准确,基本掌握蛋的部分检验方法。

不及格 在教师的指导下,虽能完成蛋的物理性质的检测,但结果误差较大,不能掌握蛋的基本检验方法。

五、思考与练习题

1.试述测定蛋的物理性质的常用方法。

2.试述蛋耐压性测定的操作。

六、知识链接

(一)鲜蛋在保藏中的变化

蛋在保藏过程中,由于外界温度、湿度、包装材料的状态、收购时蛋的品质和保存时间等因素的影响,都会使蛋发生生理的、物理的、化学的或微生物的变化。

1.生理变化

蛋在贮存期间,若是储存温度较高,会使受精卵的胚胎发育,周围形成血丝,以至发育形成雏禽,使未受精的胚珠出现膨大现象(热伤蛋),影响蛋的保存期。

2.物理变化

包括重量、气室、蛋白和蛋黄的变化。随着蛋保藏时间的推移,壳外膜逐渐消失,气孔暴露,蛋内水分蒸发,使蛋的重量减轻,气室扩大;浓厚蛋白逐渐减少,稀薄蛋白逐渐增加,溶菌酶的杀菌作用也降低;蛋黄膜的弹性下降,甚至破裂。

3.化学变化

包括 pH、含氨量、可溶性磷酸、脂肪酸等的变化。正常鲜蛋蛋白的 pH 为 $7.8\sim8.0$,全蛋为 $6.7\sim7.1$,蛋黄为 $6.2\sim6.6$。随着储存时间延长,蛋白质被蛋白酶分解,使 pH 逐渐缓慢升高。蛋黄中的脂类逐渐氧化,使游离脂肪酸和可溶性磷酸增加。

4.微生物变化

当微生物侵入蛋内后,在适宜温度下大量生长繁殖,并释放蛋白水解酶,使蛋白逐渐水解变稀,呈淡绿色;系带变细,蛋黄上浮并贴近蛋壳,蛋黄膜失去韧性变得松弛或破裂,形成散黄蛋;而后蛋白质被分解生成氨、硫化氢等,具有强烈的臭气。

如果有霉菌在蛋壳上生长,菌丝从气孔侵入蛋内形成霉斑,甚至覆盖整个蛋的表面,蛋白与蛋黄相混,或蛋白呈凝胶状,蛋黄硬化,成为带有霉味的红贴壳蛋或黑贴壳蛋。

(二)鲜蛋的储存保鲜方法

鲜蛋储存保鲜方法的基本要求是:简便易行,效果良好,费用低廉,适于大量保存。

1. 冷藏保鲜

冷藏保鲜是我国目前应用最广的储存方式。其优点是鲜蛋的理化性质变化较慢较小,从而保持蛋原有的风味和外观。本法能大规模储存鲜蛋,费用也较低。

(1)冷藏法 冷库温度应保持在 0℃左右,昼夜的温差±1℃,相对湿度为 80%~85%。为了保持库温恒定,鲜蛋入库前要进行预冷,使蛋温降至 2~3℃。入库的蛋要按品种和进库时间分别堆垛,并按批次挂上货牌,标明入库日期、数量、类别、产地,还要做好记录。堆垛应留有足够的间距,以利冷风畅通对流和便于叉车的出进。

(2)卫生监督与管理 鲜蛋入库前要对冷库进行清扫、消毒。蛋的包装材料应清洁、干燥、无异味、不吸湿,蛋应大头朝上排放。库存期间应经常检查库温和湿度是否在正常范围内。切忌与含水分高和有异味的食品同库储藏。长期储存的蛋,每半个月抽查 1 次,每次抽查数量不少于 1%。同时要进行翻蛋,防止蛋黄贴壳。篓装蛋每 1~2 个月翻一次蛋;箱装的每 2~3 个月翻一次蛋。检验人员应做好鲜蛋质量预测预报工作,对发现的问题提出处理意见。在温暖季节,鲜蛋出库时应先进行反暖,以防因突然遇热,蛋壳表面凝结一层水珠,导致壳外膜破坏。储存期间应做好防鼠、灭鼠工作。

2. 浸渍保鲜

常用的浸渍保鲜方法有:

(1)石灰水浸渍法 通常使用 2%~3%石灰水浸泡。在 10~15℃的室温下,保鲜期 5~6 个月。

(2)混合液浸渍法 混合液的主要成分是石灰、石膏、白矾,通常按 2∶2∶1 比例配制。蛋可保鲜 8~10 个月。

3. 涂膜保鲜

涂膜保鲜是在蛋的表面涂上一层可溶性、易干燥的物质,形成一层保护膜,阻止微生物侵入蛋内,并减少蛋内水分蒸发和二氧化碳逸出,延缓鲜蛋的代谢速度,从而保持蛋的新鲜度和延长禽蛋保存期限。目前常用泡花碱涂膜法、液体石蜡涂膜法。

(三)蛋的卫生检验

1. 感官检查

主要用眼看、手摸、耳听、鼻嗅等方法来鉴别蛋的质量。眼看是用视觉查看蛋的形态、大小和蛋壳的颜色、清洁度、完整性是否正常。手摸是靠手的感觉检验蛋的表面及重量有无异常。耳听是通过敲击蛋发出的声音判断蛋有无裂痕及蛋壳的薄厚程度。鼻嗅即闻蛋有无异常的气味。

　　2. 灯光透视检查

　　通过光源透视检查蛋气室的大小、内容物的透光程度、蛋黄移动的阴影、胚盘的稳定程度及蛋内有无污斑、黑点和异物等,综合判定蛋的卫生质量。该法简便易行、结果可靠,是检验蛋新鲜度常用的方法之一。分手工照蛋、机械传递照蛋及电子自动照蛋,其中机械传递照蛋、电子自动照蛋,可大大减轻工人的劳动强度,提高工效。

　　3. 蛋比重的测定

　　鲜蛋的平均比重为 1.084,商品蛋的比重为 1.060 以上,陈蛋低于 1.056。储存的蛋由于蛋内水分不断蒸发和 CO_2 的逸出,使蛋的气室逐渐增大,比重降低。将蛋放在不同比重的盐水里,通过观察蛋的沉浮来推测蛋的新陈。用于储藏的蛋和种蛋不适宜用该法检查。

　　4. 其他检验方法

　　常用的检验方法有:a. 用紫外光照射,观察蛋壳光谱变化,来鉴别蛋的鲜陈。b. 测定蛋黄指数、哈夫单位、气室高度和蛋的 pH,来了解蛋的新鲜程度。c. 测定砷、铅、镉、汞等的含量以了解重金属残留量是否超标。

第二部分

专项技能

实训项目二　　常见乳制品加工
实训项目三　　中式肉制品加工
实训项目四　　西式肉制品加工
实训项目五　　蛋制品加工

实训项目二　常见乳制品加工

【知识目标】

1. 具备原料乳的识别及验收知识。
2. 具备常见液态乳、发酵乳及冰激凌加工基本原理及工艺配方的相关知识。
3. 具备乳品加工所需各配料识别及性能选择的相关知识。
4. 具备常见乳品加工的操作工艺知识及成品品质评定知识。

【能力目标】

1. 熟悉各制品加工过程中所需设备的性能及使用。
2. 能够进行液态乳、凝固型酸乳、搅拌型酸乳及冰激凌的制作。
3. 能够发现各乳品加工过程中的关键控制点，并提出质量控制措施。
4. 培养学生的安全生产意识。

任务一　液态乳的加工工艺

【知识目标】

熟悉液态乳加工的相关技术。

【能力目标】

1. 能够进行巴氏杀菌乳的生产操作。
2. 能够对在生产过程中遇到的一些问题进行讨论并解决。

一、巴氏杀菌乳的加工

（一）任务准备

1. 材料

新鲜乳 80%～90%（或乳粉 9%～11%），砂糖 10%～12%，可可粉 1%～3%，

稳定剂 0.2%～0.3%,香料和麦芽粉适量,色素适量。

2.仪器设备

天平,台秤,量杯,燃气灶,锅,胶体磨,冷热缸,均质机,灌装机。

(二)任务实施

1.工艺流程

原料验收→配料→预热→均质→杀菌→冷却→灌装

2.工艺要点

(1)原料的处理

①乳粉的复原　使用优质新鲜乳或乳粉为原料。使用乳粉时,用 50℃ 左右的软化水来溶解乳粉,确保乳粉完全溶解。

②可可粉的预处理　由于可可粉中含有大量芽孢,同时含有许多颗粒,因此为保证灭菌效果、改进产品的口感,加入牛乳中的可可粉必须经过预处理。一般先将可可粉溶于热水中,然后将可可浆加热到 $85 \sim 95℃$,并在此温度下保持 $20 \sim 30$ min,最后冷却,再加入到牛乳中。应使用高质量的可可粉,其中大于 75 μm 的颗粒总量应小于 0.5%。

③稳定剂的溶解　一般将稳定剂与其 5～10 倍的砂糖混合,然后在高速搅拌下溶解于 70℃ 左右的软化水中,经胶体磨分散均匀。

(2)配料　将所有处理好的原辅料加入配料罐中,低速搅拌 15～25 min,以保证所有的物料混合均匀,尤其是稳定剂能均匀分散于乳中。

(3)预热　将混合好的物料预热到 65～85℃。

(4)均质　将预热后的物料在 18～25 MPa 条件下均质。

(5)杀菌　均质后的物料经 63℃ 30 min 或 72℃ 15 s 巴氏杀菌。

(6)冷却、灌装　物料冷却到 20℃ 以下,香料和色素在冷却后、灌装前加入,灌装后立即放入 4℃ 冰箱内冷藏。

(三)注意事项

(1)实际操作注意事项

①脂肪的标准化可采用前标准化、后标准化或直接标准化。

②均质可采用全部均质或部分均质。

③最简单的全脂巴氏杀菌乳加工生产线应配备巴氏杀菌机、缓冲罐和包装机等主要设备。

④复杂的生产线可同时生产全脂乳、脱脂乳、部分脱脂乳和含脂率不同的稀奶油。

　　⑤在部分均质后,稀奶油中的脂肪球被破坏,游离脂肪与外界相接触很容易受到脂肪酶的侵袭。因此,均质后的稀奶油应立即与脱脂乳混合并进行巴氏杀菌。

　　(2)巴氏杀菌乳的基本指标要求　主要目的是减少微生物和可能出现在原料乳中的致病菌。不可能杀死所有的致病菌,它只可能将致病菌的数量降低到一定的、对消费者不会造成危害的水平。巴氏杀菌后,应及时冷却、包装,一定要立即进行磷酸酶试验,且呈阴性。

二、酸性乳饮料——草莓奶的加工

　　(一)任务准备

　　1.材料

　　(1)鲜牛乳　符合 GB 5413.39—2010 要求。

　　(2)辅料　酸性乳复合稳定剂,柠檬酸,柠檬酸钠,鲜奶香料等。

　　(3)纯净水　符合瓶装饮用纯净水标准 GB 19298—2014。

　　(4)鲜草莓　新鲜,酸度高,芳香味浓,果面大半呈红色,无软烂。

　　(5)白砂糖　市售一级。

　　2.设备

　　不锈钢锅,煤气灶,空瓶,瓶盖,榨汁机,均质机,灌装机等。

　　(二)任务实施

　　1.工艺流程

鲜草莓→称量→前处理→榨汁→过滤→草莓汁

鲜牛乳→过滤(加入复合稳定剂与白砂糖)→溶解→冷却(加入草莓汁)→调酸(加柠檬酸钠、蛋白糖、柠檬酸)→预热→均质→杀菌→灌装(空瓶→清洗→消毒)→冷却→检验→成品

　　2.工艺要点

　　(1)草莓的选择　选择新鲜、酸度高、芳香味浓的草莓品种,要求成熟,果面大半呈红色,无软烂。

　　(2)草莓的前处理　草莓先拣出青烂果,然后放入有孔筐中,在流动水中淘洗,去净泥沙污物,再置案板上去掉草莓梗及萼片。

　　(3)榨汁　榨汁机榨汁后,用 100 目筛过滤得草莓汁,备用。

　　(4)稳定剂溶解　复合稳定剂与白砂糖以 1∶8 以上比例混合,然后边搅拌边

撒入纯净水中。

（5）过滤　用 100 目滤布过滤溶解的稳定剂，用 6～8 层纱布过滤牛乳。

（6）调配、混合　溶解的稳定剂先与草莓汁混合，再加入蛋白糖、柠檬酸钠、柠檬酸进行调酸（pH＝3.0），在强烈搅拌下将牛乳倾入酸液中，避免产生大量沉淀，混合后调 pH＝3.8～4.0。

（7）预热、均质　预热至 53～60℃在 10～15 MPa 下均质处理。

（8）杀菌　杀菌温度 80～85℃，时间 1～2 min。

（9）灌装、冷却、检验　空瓶根据其洁净程度先后用酸、碱、洁净水清洗干净，在沸水中煮制（5～10 min）杀菌，乳饮料灌装后，分段冷却至室温，检验合格后即为成品。

三、中性乳饮料——奶茶的加工

（一）任务准备

1.材料

（1）鲜牛乳　符合 GB 5413.39—2010 要求。

（2）辅料　中性乳复合稳定剂，柠檬酸，柠檬酸钠，红茶叶，蜂蜜，红茶香料，鲜奶香料等，食品级。

（3）纯净水　符合瓶装饮用纯净水标准 GB 19298—2014。

（4）白砂糖　市售一级。

2.设备

不锈钢锅，乳稠计，煤气灶，空瓶，瓶盖，均质机，灌装机等。

（二）任务实施

1.工艺流程

红茶叶→称重→加水浸提→过滤→红茶汁

↓

白砂糖＋复合稳定剂→溶解→过滤→加蜂蜜等→鲜牛奶→过滤→加香料→均质→杀菌→灌装→封盖→冷却→检验→成品

2.工艺要点

（1）选料　茶叶选取新鲜、无霉变红茶叶，红茶粉末；牛奶为新鲜牛乳。

（2）茶汁浸提　每组称取茶叶 12 g，加入 600 g 纯净水中（1∶50），85～90℃在不锈钢锅中浸提 3～5 min，并间歇搅拌。

（3）茶汁过滤　过 200 目筛，去除茶渣，过滤后冷却。

(4)复合稳定剂溶解 复合稳定剂与白砂糖以 1∶8 以上比例混匀,溶入纯净水中。

(5)调配 将红茶汁与复合稳定剂、牛乳及其他辅料调配混合。

(6)均质、杀菌 预热到 50～60℃时进行均质,均质压力 10～15 MPa;80～85℃杀菌 1～2 min。

(7)空罐瓶准备 空罐瓶清洗,沸水杀菌。

(8)灌装、封盖、冷却 奶茶杀菌后立即灌装,进行封盖,分段冷却至室温,检验合格后即为成品。

四、质量标准

(1)原料要求 应符合相应的标准和有关规定。

(2)感官指标 应具有加入物相应的色泽、气味和滋味,无异味,质地均匀,无肉眼可见的外来杂质。

(3)理化指标 蛋白质≥1.0 g/100 mL,脂肪≥1.0 g/100 mL,总砷(以 As 计)≤0.2 mg/L,铅(Pb)≤0.05 mg/L,铜(Cu)≤5.0 mg/L。

(4)微生物指标 菌落总数≤10 000 cfu/mL,大肠菌群≤40 MPN/100 mL,霉菌≤10 cfu/mL,酵母≤10 cfu/mL,致病菌(沙门氏菌、志贺氏菌、金黄色葡萄球菌)不得检出。(cfu 即菌落形成单位;MPN 即最近似数)

(5)食品添加剂 食品添加剂质量应符合相应的标准和有关规定。食品添加剂的品种和使用量应符合 GB 2760 的规定。食品生产加工过程的卫生要求应符合 GB 12695 的规定。

五、考核评价

优秀 能按照实训程序独立完成液态乳的加工,成品液态乳的性状良好,具有液态乳的纯正风味。

良好 能按照实训程序独立完成生产操作,成品液态乳性状较好,具有液态乳的纯正风味。

及格 在教师指导下能完成液态乳的加工,成品液态乳的质量较好。

不及格 虽在教师指导下能完成实训操作,但成品液态乳的品质欠佳。

六、思考与练习题

1.你组在操作过程中出现了什么问题?是如何解决的?

2.品评产品,对照国家产品质量标准进行评分。

3.对产品进行成本核算,对照市场价格,计算利润率。

七、知识链接

(一)巴氏杀菌乳

1.巴氏杀菌乳的概念

巴氏杀菌乳又称市乳,它是以合格的新鲜牛乳为原料,经离心净乳、标准化、均质、巴氏杀菌、冷却和灌装,直接供给消费者饮用的商品乳。国际乳品联合会(IDF)(SDT,1983:P.99)将巴氏杀菌定义为:适合于一种制品的加工过程,目的是通过热处理尽可能地将来自于牛乳中的病原性微生物的危害降至最低,同时保证制品中化学、物理和感官的变化最小。

2.巴氏杀菌乳的种类

按制品的脂肪含量不同又分为全脂乳、高脂乳、低脂乳、脱脂乳和稀奶油,此外还有草莓、巧克力、果汁和调味酸乳等。按加热方法又可分为低温长时间杀菌乳、高温短时间杀菌乳、灭菌乳等。

下面介绍一下两类常用的高温杀菌法:

(1)高温短时间杀菌法(HTST)　高温短时间杀菌是用管式或板状热交换器使乳在流动的状态下进行连续加热处理的方法。加热条件是 72～75℃ 15 s。但由于乳中菌数的不同,也有采用 72～75℃ 16～40 s 或 80～85℃ 10～15 s 的。

(2)超高温瞬时杀菌法(UHT)　该方法是采用加压蒸汽将牛乳加热到 120～140℃ 保持 0.5～4 s,然后将牛乳迅速冷却的一种杀菌方法。该方法杀菌效率极高,可以达到灭菌的效果,一般在冷藏下可保存 20 d。如果与无菌包装结合起来可以生产灭菌乳,保持商业无菌状态,无须冷藏,常温下可长期(3～6 个月或更长)保存。

(二)灭菌乳

灭菌乳对乳产品进行足够强度的热处理,使产品中所有的微生物和耐热酶类失去活性。灭菌乳具有优异的保存质量并可以在室温下长时间贮存。

灭菌乳的生产方法有两种:灌装后灭菌,称瓶装灭菌,产品称瓶装灭菌乳;UHT。

瓶装灭菌时产品和包装(罐)一起被加热到约 116℃,保持 20 min,灭菌后产品可在环境温度下贮存。

UHT 时物料在连续流动的状态下,经 135～150℃ 不少于 1 s 的灭菌(以完全破坏其中可以生长的微生物和芽孢),然后在无菌状态下包装,包装保护产品不接触光线和空气中的氧,可在环境温度下贮存。UHT可以最大限度地减少产品在物理、化学及感官上的变化,这样生产出来的产品称为UHT产品。UHT产品应能在非冷藏条件下分销。超高温灭菌的出现,大大改善了灭菌乳的特性,不仅使产品的色泽和风味得到改善,而且提高了产品的营养价值。

超高温灭菌加热系统的类型见表2-1。这些加热系统所用的加热介质为蒸汽或热水。从经济角度考虑,蒸汽或热水是通过天然气、油或煤加热获得的,只在极少数情况下使用电加热锅炉。因电加热的热效率仅为30%,而采取其他形式加热如锅炉的热转化率为70%~80%。

表 2-1　各种类型的超高温加热系统

蒸汽或热水加热 {
　间接加热 {
　　板式加热(又称片式加热)
　　管式加热(又称中心管式加热和壳管式加热)
　　刮板式加热
　}
　直接加热 {
　　直接喷射式(蒸汽喷入牛乳)
　　直接混注式(牛乳喷入蒸汽)
　}
}

使用蒸汽或热水为加热介质的灭菌器可进一步分为两大类,即直接加热系统和间接加热系统。在间接加热系统中,产品与加热介质(或热水)由导热面隔开,导热面由不锈钢制成,因此在这一系统中,产品与加热介质没有直接的接触。在直接加热系统中,产品与一定压力的蒸汽直接混合,这样蒸汽快速冷凝,其释放的潜热很快对产品进行加热。

加工所得灭菌乳产品的特性应尽量与其最初状态接近,贮存过程中产品质量应与加工后产品的质量保持一致。

1. 超高温灭菌乳

(1)基本工艺流程

原料乳验收→预处理→标准化→巴氏杀菌→脱气→均质→超高温灭菌→无菌灌装→灭菌乳

(2)超高温灭菌乳加工的基本要求　原料乳首先经验收,预处理,标准化,巴氏杀菌过程。UHT乳的加工工艺通常包含巴氏杀菌过程,尤其在现有条件下更为重要。巴氏杀菌可有效地提高生产的灵活性,及时杀灭嗜冷菌,避免其繁殖代谢产生的酶类影响产品的保质期。经巴氏杀菌后的乳升温至83℃进入脱气罐,在一定真空度下脱气,以75℃离开脱气罐后进入均质机。均质通常采用二级均质。第一级均质压力为15~20 MPa,第二级均质压力为5 MPa。均质后的牛乳进入加热段,在这里牛乳被加热至灭菌温度(通常为137℃),在保温管中保温4 s,然后进入热回收管。在这里牛乳被水冷却至灌装温度。冷却后的牛乳直接进入灌装机或无菌罐贮存。若牛乳的灭菌温度低于设定值,则牛乳返回平衡槽。

超高温灭菌乳的温度变化大致如下:

原料乳经巴氏杀菌后4℃→预热至75℃→均质75℃→加热至137℃→保温137℃→盐水冷却至6℃→(无菌贮存罐6℃)→无菌包装6℃

可以看出,在此灭菌过程中,牛乳不与加热或冷却介质直接接触,可以保证产品不受外界污染;另外,热回收操作可节省大量能量。经过超高温灭菌及冷却后的灭菌乳,应立即进行无菌包装。

无菌包装必须符合以下要求:a.包装容器和封合方法必须适合无菌灌装,并且封合后的容器在贮存和分销期间必须能阻挡微生物透过,同时包装容器应能阻止产品发生化学变化;b.容器和产品接触的表面在灌装前必须经过灭菌,灭菌效果与灭菌前容器表面的污染程度有关;c.灌装过程中,产品不能受到来自任何设备表面或周围环境等的污染;d.若采用盖子封合,封合前必须及时灭菌;e.封合必须在无菌区域内进行,以防止微生物污染。

(3)关键操作

①设备灭菌——无菌状态　在投料之前,先用水代替物料进入热交换器。热水直接进入均质机、加热段、保温段、冷却段,在此过程中保持全程超高温状态,继续输送至包装机,从包装机返回,流回平衡槽。如此循环保持回水温度不低于130℃,时间30 min左右。杀菌完毕后,放空灭菌水,进入物料,开启冷却阀,投入正常生产流程。

②生产过程——保持无菌状态　整个生产过程包括灌装要控制在密封的无菌状态下,乳从灭菌器输送至包装机的管道上应装有无菌取样器,当一切生产条件正常时可定时取样检测乳中是否无菌。

③水灭菌——保证乳无菌　在生产中,由控制盘严密监视灭菌温度。当温度低于设定值时,立即启动分流阀,牛乳返回进料槽,将其放空并用水顶替,重新进行设备灭菌、重新安排生产操作。这样可保证送往包装机的牛乳是经冷却的无菌牛乳。

④中间清洗及最后清洗　大规模连续生产中,一定时间后,传热面上可能产生薄层沉淀,影响传热的正常进行。这时,可在无菌条件下进行30 min的中间清洗,然后继续生产,中间不用停车,生产完毕后用清洗液进行循环流动清洗。中间清洗及最后清洗操作均由控制盘内的程序板控制,按程序执行CIP(定位清洗)操作。

⑤停车　生产及清洗完毕后即可由控制盘统一停车。同时注意停供蒸汽、冷

却水及压缩空气。

（4）关键控制 超高温灭菌为高度自动化操作。均质机配有专用控制柜，并与总控制柜连通。主要操作由控制柜指挥。

①流程控制 生产中的开车、设备灭菌、牛乳灭菌、水灭菌、中间清洗及最后清洗等都有不同的流程和程序，都由控制盘统一控制。操作人员只需操作控制按钮即可。

②流量控制——流量要稳定 设备的生产能力由物料流量决定，物料流量由均质机的转速控制。生产中，应准确设定均质机的转速，以保持要求的牛乳流量。

③灭菌温度控制——灭菌温度要稳定 牛乳灭菌的最高温度要先行设定。在生产过程中，实际的灭菌温度不断变化，在控制盘上控制系统可根据记录数据发出指令，不断调整进汽阀的开启大小，以保持稳定的灭菌温度。应注意稳定蒸汽压力，使其不低于 0.6 MPa。

④冷却温度控制——冷却温度要稳定 由冷却阀的调节来控制。

2. 瓶装灭菌乳

（1）工艺流程

原料乳→净化→标准化→预热→均质→装瓶→封口→杀菌→冷却→贮存

| 一段灭菌 | 二段灭菌 | 连续灭菌 |

（2）对原料乳的要求

①对原料乳理化特性的要求

A. 蛋白的热稳定性 用于瓶装灭菌处理的牛乳必须是高质量的，特别是乳蛋白的热稳定性相当重要。可通过 68% 的酒精试验测定乳蛋白的热稳定性。

B. 异常乳 在此主要是指乳房炎乳。其可导致牛乳细菌含量高，还产生大量的蛋白酶，其中有些是相当耐热的，可存活于灭菌乳中，影响产品的品质，使产品在贮存期内变质、形成凝块等。

②对原料乳中微生物种类及含量的要求 首先从灭菌效率考虑是芽孢的含量；其次从酶解反应考虑是细菌数，尤其是嗜冷菌含量。

A. 芽孢数 芽孢主要分为嗜中温芽孢和嗜热芽孢。生产灭菌乳的微生物指标应符合表 2-2 的要求。

表 2-2　灭菌前物料的芽孢数　　　　　　　　　　　　　　cfu/mL

芽孢名称	目标值	行动值	加工极限值
嗜中温芽孢	100	1 000	10 000
嗜热芽孢	10	100	1 000

B.细菌数　灭菌乳是长货架期产品,原料中如含有过高的细菌,其代谢将产生各种脂肪酶和蛋白酶,其中有些酶是相当耐热的,尤其是嗜冷菌产生的酶类。这些酶存活于灭菌乳中,并在产品的贮存期内复活,分解蛋白和脂肪而产生一系列非微生物的质量缺陷,如凝块、脂肪上浮等。但据美国最新医学研究,残留于牛乳中的过多的细菌的代谢产物,仍会使人有一些不良反应,如发热、关节发炎等。因此,控制原料乳的细菌数对保证灭菌乳的质量是至关重要的。我国许多工厂采用细菌总数小于 10 万/mL,嗜冷菌小于等于 1 000 个/mL 的牛乳为原料。

表 2-3 是对用于灭菌乳加工的原料乳的一般要求。

表 2-3　用于灭菌乳加工的原料乳的一般要求

项目	指标
理化特性	
脂肪含量/%	≥3.10
蛋白质含量/%	≥2.95
相对密度(24℃/4℃)	≥1.028
酸度(以乳酸计)/%	≤0.144
滴定酸度/°T	≤16
pH	6.6~6.8
杂质含量/(mg/kg)	≤4
汞含量/(mg/kg)	≤0.01
农药含量/(mg/kg)	≤0.1
蛋白稳定性	通过 75% 的中性酒精试验
冰点/℃	-0.54~-0.59

续表 2-3

项目	指标
抗生素含量/(μg/mL)	
青霉素	<0.004
其他	不得检出
体细胞数/(个/mL)	≤500 000
微生物特性/(cfu/mL)	
细菌总数	≤100 000
芽孢总数	≤100
耐热芽孢数	≤10
嗜冷菌	≤1 000

（3）预处理技术要求　预处理，即净乳、冷却、贮乳、标准化、预热、均质等，技术要求同巴氏杀菌乳。

①净乳　原料乳验收后必须净化，目的是去除乳中的机械杂质并减少微生物数量。净乳的方法有过滤法及离心净乳法两种。

A. 过滤法　简单的过滤，在受奶槽上装过滤网并铺上多层纱布，也可在乳的输送管道中连接一个过滤套筒或在管路的出口一端安放一布袋进行过滤。进一步过滤则使用双筒过滤器或双联过滤器。必须注意过滤布的清洗和灭菌，不清洁的滤布往往是细菌和杂质的污染源。滤布或滤筒通常在连续过滤 5 000～10 000 L 牛乳之后，就应更换清洗灭菌。一般连续生产都设有两个过滤器交替使用。

B. 离心净乳法　离心净乳是乳与乳制品加工中最适宜采用也是常用的方法。离心净乳机能除去乳中的乳腺体细胞和某些微生物。离心净乳一般设在粗滤之后，冷却之前。净乳时的乳温以 30～40℃为宜，在净乳过程中要防止泡沫的产生。

②冷却　净化后的原料乳应立即冷却到 4～10℃，以抑制细菌繁殖，保证加工之前原料乳的质量。牛乳挤出后微生物的变化过程可分为四个阶段，即抗菌期，混合微生物期，乳酸菌繁殖期，酵母和霉菌期。抗菌期的长短与贮存温度的关系见表 2-4。因此，新鲜牛乳迅速冷却至低温，其抗菌特性可保持相当长的时间。当然抗菌期长短与细菌污染程度有直接关系。乳品厂通常可以根据贮存时间长短选择适宜的冷却温度（表 2-5），现在普遍采用板式热交换器。

表 2-4　乳的贮存温度与抗菌期的关系

牛乳贮存温度/℃	抗菌期/h
−10	240
0	48
5	36
10	24
25	6
35	3
37	2

表 2-5　乳的贮存时间与冷却温度的关系

乳的贮存时间/h	应冷却的温度/℃
6～12	10～8
12～18	8～6
18～24	6～5
24～36	5～4

③标准化　为了保证达到法定要求的脂肪含量,在半脱脂乳和脱脂巴氏杀菌乳生产中需要进行标准化。我国的国家标准规定脂肪含量:全脂乳≥3.1%,部分脱脂乳 1.0%～2.0%,脱脂巴氏杀菌乳≤0.5%。

(4)装瓶、封口　瓶装灭菌乳常见的包装有玻璃瓶、塑料瓶。灌装采用自动灌装机、自动封口。

①玻璃瓶　可以多次循环使用,破损率可以控制在 0.3% 左右。优点为:与牛乳接触不起化学反应,无毒,光洁度高,易于清洗。缺点为:重量大,运输成本高,易受日光照射产生不良气味,造成营养成分损失。回收的空瓶微生物污染严重。

②塑料瓶　塑料乳瓶多用聚乙烯或聚丙烯塑料制成。其优点为:重量低,可降低运输成本,破损率低,可循环使用 200～300 次,能耐碱液及次氯酸的洗涤和杀菌处理。特别是聚丙烯能耐150℃的高温,具有刚性、耐酸、碱、盐的性能均佳。其缺点为:旧瓶表面易磨损,污染程度大,不易清洗和消毒。在较高的室温下,数小时后即产生异味,影响质量和合格率。

(5)杀菌　瓶装灭菌乳的灭菌方法有三种:一段灭菌、二段灭菌和连续灭菌。

①一段灭菌　牛乳先预热到约80℃,然后灌装到干净的、加热的瓶子中,瓶子封好盖后放入杀菌器,在 110～120℃温度下灭菌 10～40 min。

②二段灭菌　牛乳在 130～140℃预热 2～20 s,此预热可在管式或板式热交换器中靠间接加热办法进行或者用蒸汽直接喷射牛乳,当牛乳冷却到80℃后,灌装到干净的、热处理过的瓶子中,封盖后再入灭菌器进行灭菌。后一段处理不需要像前一段那样强烈,因第二段杀菌的主要目的是消除第一段杀菌后灌装重新感染的细菌。

③连续灭菌　牛乳在装瓶封口后,经连续工作的灭菌器灭菌,连续灭菌器中灭菌可采用一段灭菌,也可采用二段灭菌。奶瓶缓慢地通过杀菌器中的加热区和冷

却区往前输送,这些区段的长短应与处理中各个阶段所需求的温度和停留时间相对应。

(6)冷却、贮存　乳经杀菌后,虽然绝大部分细菌都已被杀灭,但在以后各项操作中还有被污染的可能。为了抑制牛乳中细菌等微生物的生长、繁殖,增加保存性,需及时进行冷却。用片式杀菌器时,乳通过冷却区段时已降至4℃。如果保温缸或管式杀菌器,另用冷排或其他方法将乳冷却至2~4℃。冷却后的牛乳应直接分装,及时分送给消费者。如不能立即发送时,也应贮存于5℃以下的冷库内。

(三)无菌包装

灭菌乳不含细菌,包装时应严加保护,使其不再被细菌污染。这种包装方法叫无菌包装。无菌包装应达到三无菌状态——原料无菌、包装容器无菌、生产设备无菌。具体地:a.包装容器和封合的方法必须适于无菌灌装,并且封合后的容器在贮存和分销期间必须能阻挡微生物透过,同时包装容器应能阻止产品发生化学变化;b.容器与产品接触的表面在灌装前必须经过灭菌,灭菌效果与灭菌前容器表面的污染程度有关;c.灌装过程中,产品不能受到来自任何设备表面或周围环境等的污染;d.若采用盖子封合,封合前必须及时灭菌;e.封合必须在无菌区域内进行,以防止微生物污染。无菌包装过程可以用图2-1来表示。

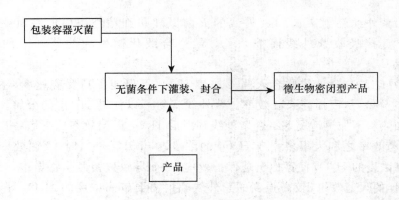

图 2-1　无菌包装过程示意图

1.包装容器的灭菌方法

用于灭菌乳包装的材料较多,但生产中常用的有复合硬质塑料包装纸、复合挤出薄膜和聚乙烯(PE)吹塑瓶。容器灭菌的方法有很多,包括物理法和化学试剂法。

(1)饱和蒸汽灭菌　饱和蒸汽灭菌是一种比较可靠、安全的灭菌方法。这种灭菌方法是在压力室中进行的,容器通过适当的阀门进入和离开压力室,同时为防止空气沉积于压力室内影响传热,必须及时去除压力室内由容器带入的空气。蒸汽灭菌后形成的冷凝水会残留于容器内并稀释产品。早期的灌装和瓶装无菌包装采用的是饱和蒸汽灭菌,自 20 世纪 80 年代开始,聚丙乙烯成形瓶开始采用加压饱和蒸汽灭菌。

(2)双氧水（H_2O_2）灭菌　双氧水具有杀菌(包括芽孢)效力已广为人知。现在人们多用双氧水与热处理相结合的灭菌方法。双氧水的灭菌效率随温度和 H_2O_2 浓度的增高而增大。残存枯草芽孢杆菌的对数值随时间呈直线下降。目前 H_2O_2 灭菌系统主要有两种:一种是将 H_2O_2 加热到一定温度,然后对包装盒或包装材料进行灭菌。这种灭菌一般在 H_2O_2 水槽内进行。另一种是将 H_2O_2 均匀地涂布或喷洒于包装材料表面,然后通过电加热器或辐射或热空气加热蒸发 H_2O_2,从而完成杀菌过程(这种灭菌的 H_2O_2 中一般要加入表面活性剂以降低聚乙烯的表面张力,使 H_2O_2 均匀分布于包装材料表面)。真正的灭菌过程是在 H_2O_2 加热和蒸发过程中进行的。由于水的沸点低于 H_2O_2 的沸点,因此灭菌是在高温、高浓度的 H_2O_2 中并在很短时间内完成的。在实际生产中,H_2O_2 的喷洒浓度一般为30％～35％。灭菌条件主要包括:H_2O_2 的浓度、单位面积 H_2O_2 的使用量、加热强度和时间等。

(3)紫外线辐射灭菌　紫外线的灭菌原理是细菌细胞中的脱氧核糖核酸(DNA)直接吸收紫外线而被杀死。最适合致死微生物的紫外线的波长是250 nm。

(4)H_2O_2 与紫外线联合灭菌　加热 H_2O_2 不仅能提高反应速度,还能促进 H_2O_2 的分解,从而提高灭菌效率。紫外线辐射可以促进 H_2O_2 的分解。研究发现:在加热和不加热情况下结合紫外线辐射后 H_2O_2 灭菌效率比它们各自单独使用的灭菌效率之和大很多。当 H_2O_2 的浓度在 0.5％～5％时,灭菌效率是最佳的,较高浓度的 H_2O_2 使芽孢出现保护效应,从而导致残留微生物增多。另外,为得到最佳的灭菌效果,较高强度的紫外线辐射需要较高浓度的 H_2O_2 等,试验表明:对人为污染枯草芽孢杆菌的纸盒喷洒1％的 H_2O_2,然后用高强度的紫外线辐射 10 s,结果对于内衬聚乙烯纸盒的灭菌效率达到 5,对聚乙烯和铝箔复合包装的灭菌效率达到 3.5。在整个实验过程中都没有加热。这种灭菌系统比用 H_2O_2 结合加热灭菌具有潜在的优势,因为使用了较低浓度的 H_2O_2（＜5％）,使环境的污染和产品中 H_2O_2 的残留量降低了。严格控制 H_2O_2 的浓度是非常必要的,因为高浓度的 H_2O_2 会导致灭菌效率的降低。目前,这种 H_2O_2 与紫外线辐射相结合的灭菌方式已被应用于无菌灌装纸盒的灭菌过程中。包装容器的其他灭菌方法还有超声波灭菌等。

2. 无菌包装系统的类型

无菌包装系统形式多样,但主要是包装容器形状的不同、包装材料的不同和灌装前是否预成形等。以下主要介绍无菌纸包装系统、吹塑成形无菌包装。无菌纸包装广泛应用于液态乳制品、植物蛋白饮料、果汁饮料、酒类产品以及水等的加工。纸包装系统主要分为两种类型,即包装过程中成形和预成形两种情况。

(1)纸卷成形包装系统 纸卷成形包装系统是目前使用最广泛的包装系统。包装材料由纸卷连续供给包装机,经过一系列成形过程进行灌装、封合和切割。纸卷成形包装系统主要分为两大类,即敞开式无菌包装系统和封闭式无菌包装系统。

①敞开式无菌包装系统 敞开式无菌包装系统的包装容量有 200 mL、250 mL、500 mL 和 1 000 mL 等,包装速度一般为 3 600 包/h 和 4 500 包/h 两种形式。

②封闭式无菌包装系统 封闭式无菌包装系统最大的改进之处在于建立了无菌室,包装纸的灭菌是在无菌室内的双氧水浴槽内进行的,并且不需要润滑剂,从而提高了无菌操作的安全性。这种系统的另一改进之处是增加了自动接纸装置并且包装速度有了进一步的提高。封闭式包装系统的包装容积范围较广(100~1 500 mL),包装速度最低为 5 000 包/h,最高为 18 000 包/h。

(2)预成形纸包装系统 预成形纸包装系统目前在市场上也占有一定的比例,但份额较少。这种系统的纸盒是经预先纵封的,每个纸盒上压有折叠线。运输时,纸盒平展叠放在箱子里,可直接装入包装机。灭菌时,首先向包装盒内喷洒双氧水膜。喷洒双氧水膜的方法有两种:一种是直接喷洒含润湿剂的 30% 的双氧水,这时包装盒静止于喷头之下;另一种是向包装盒内喷入双氧水蒸气和热空气,双氧水蒸气冷凝于内表面上。

(3)吹塑成形瓶装无菌包装系统 吹塑瓶作为玻璃瓶的替代,具有成本低,瓶壁薄,传热速度快,可避免热胀冷缩的不利影响的优点。从经济和易于成形的角度考虑,聚乙烯和聚丙烯广泛用于液态乳制品的包装中。但这类材料避光、隔绝氧气能力差,会给长货架期的液态乳制品带来氧化问题,因此在材料中加入色素来避免这一缺陷。但此举不为消费者所接受。随着材料和吹塑技术的发展,采用多层复合材料制瓶,虽然其成本较高,但具有良好的避光性和阻氧性。使用这种包装可大大改善长货架期产品的保存性。目前市场上广泛使用的聚酯瓶就是采用了这种材料的包装。绝大部分聚酯瓶用于保持灭菌而非无菌包装。采用吹塑瓶的无菌灌装系统有三种类型:a. 包装瓶灭菌—无菌条件下灌装、封合;b. 无菌吹塑—无菌条件下灌装、封合;c. 无菌吹塑同时进行灌装、封合。

(4)无菌灌装机与超高温加热系统的结合 无菌灌装机与超高温灭菌系统

的结合首先要保证无菌输送,同时为降低加工成本要保证最大限度地使用单个设备,也就是说每个热处理系统可以连接一种以上的灌装机以加工和包装不同类型、容积的产品。最简单的结合方法是超高温系统与无菌灌装机直接相连,较复杂的设计是在系统中间安装无菌平衡罐。但即使加装无菌平衡罐,系统也要尽量简化,因为中间原料的数量愈多,细菌污染的可能性愈大,故障排除的难度也相应增大。

①超高温系统与无菌灌装机直接相连　图2-2是最简单的单一超高温系统与无菌灌装机连接的形式。这种系统只适用于连续性的无菌灌装,容积式非连续性灌装机并不适用。

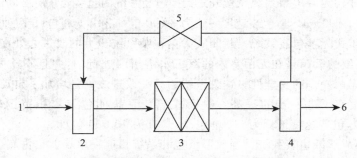

图2-2　超高温系统与无菌灌装机直接相连

1.原料进　2.平衡槽　3.超高温灭菌机　4.无菌灌装机　5.背压阀　6.产品

优缺点:a.超高温系统与无菌灌装机系统直接连接,将细菌污染的危险性降到最低。b.其灵活性较差,其中一台机器出现故障将导致整个生产线必须停产,进行全线的清洗和预杀菌。c.超高温系统与无菌灌装机相连的包装形式(形状、容积)比较单一。d.单台灌装机与超高温系统相连的生产能力是较低的,其生产能力决定于灌装机,而超高温系统的生产能力一般较大,除非生产无菌大包装产品(500 mL以上),否则生产成本相对较高。

工艺设计:为提高生产能力,可安装多台灌装机并配以不同容积的包装盒,但其加工的灵活性提高得并不显著,若其中一台灌装机停止操作,则多种产品将回流再加工,这样将给产品带来严重的负面的感官影响。为减轻这一影响,超高温系统中要采用变速均质机,但由于流量减少,产品流速降低,受热时间就相应增加,从而导致产品质量下降。

②灌装机内置小型无菌平衡罐　这种系统主要适用于非连续性灌装机的生产,小型无菌罐与灌装机结合在一起,足以提供灌装机所需流量。生产中其液位应

保持恒定以保证稳定的灌装压力,为此就需要随时有产品溢出回流或作他用。无菌罐必须是能灭菌的,罐内产品的顶隙要通入无菌过滤空气以保持无菌状态。小型无菌罐使非连续性的灌装机与连续性的超高温系统得以匹配。

③大型无菌平衡罐的使用　大型无菌罐的容量为 4 000～30 000 L,根据灌装机不同的生产能力可以连续供应物料 1 h 以上。

特点:使生产的灵活性提高,灌装机和灭菌机相对独立地操作,互不影响。连接方式有多种,图 2-3 所示是最简单的连接方式,无菌罐内通入 0.5 MPa 的无菌过滤空气。无菌过滤器本身是以蒸汽灭菌的,无菌空气经除油处理。在操作过程中,压力控制系统控制空气压力以保证合格的灌装压力,因此这种灌装方式不需要回流。

在生产中,由于灭菌机的流量大于灌装机所需流量的 10% 以上,无菌罐在生产中被缓慢充填,作用:若灌装机停机,则灭菌机可继续操作,直至灌满无菌罐;若灭菌机停止生产,而灌装机仍可以利用无菌罐内贮存的物料继续工作。

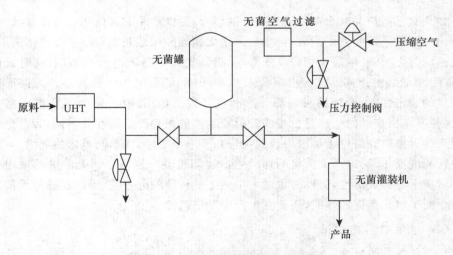

图 2-3　最简单的含有无菌罐的灌装线

图 2-4 所示为一种多用途的无菌灌装生产线,有一个灭菌机,一个无菌罐带动两组灌装机,两组灌装机可同时生产不同的产品。即由灭菌机和无菌罐分别供料,生产中任何一台灌装机因故停机都不会影响其他灌装机的生产。由无菌罐供料的(A)组灌装不会产生回流及加工过度的情况。这种形式的组合可以使灭菌机在无菌状态下清洗,继续加工下一产品,以供(B)组灌装机的生产。

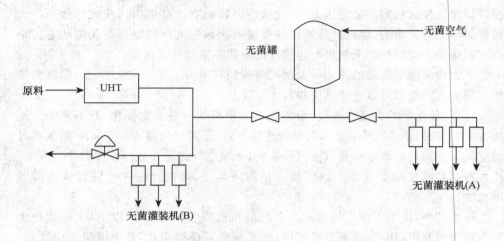

图 2-4　多用途无菌灌装生产线

　　如果对某些产品在灭菌时进行良好的组合,更换产品时灭菌机就不需要清洗。如先生产全脂乳后生产脱脂乳,全脂乳采用无菌罐和灌装机组(A)。灭菌结束后,将灭菌机与无菌罐、灌装机组(A)分离,脱脂乳代替全脂乳进入灭菌机,这时灭菌机与(B)组灌装机连接。若含脂率要求非常严格,可采用相反的次序。为保证产品质量的稳定性,生产开始时的部分产品或者放出他用,或者作为不合格产品处理,这种不合格产品的量应是很少的。但若生产的两种产品的性质不同,为避免前一种产品灭菌时在管壁上形成的残留物进入下一个工序,或不同风味的混淆,一定要进行清洗操作。另外,灭菌机的连续生产时间也受一定限制。无菌罐的采用给生产增加了许多灵活性,但同时也增大了微生物污染的危险性,因此在选用无菌罐前要全面了解无菌罐的性能,还要在生产中严格监控。

　　(四)含乳饮料的加工

　　1. 含乳饮料的概念

　　含乳饮料是指以新鲜牛乳为原料(含乳 30％以上),加入水与适量辅料(如可可、咖啡、果汁和蔗糖等物质),经有效杀菌制成的具有相应风味的饮料。根据国家标准,含乳饮料中的蛋白质及脂肪含量均应大于 1％。

　　2. 含乳饮料的种类

　　市售含乳饮料通常分为两大类,即中性含乳饮料和酸性含乳饮料。

（1）中性含乳饮料

①中性含乳饮料的概念 中性含乳饮料又称风味乳饮料，一般以原料乳或乳粉为主要原料，然后加入水、糖、稳定剂、香料和色素等，经热处理而制得。

市场上常见的中性含乳饮料有草莓乳、香蕉乳、巧克力乳、咖啡乳等产品，所采用的包装形式主要有无菌包装和塑料瓶包装。

②中性含乳饮料标准

A.感官指标 应具有加入物相应的色泽和香味，质地均匀。无脂肪上浮，无蛋白颗粒，允许有少量加入物沉淀，无任何不良气味和滋味。

B.理化指标 应符合表 2-6 的规定。

C.卫生指标 应符合表 2-7 的规定。

表 2-6 中性含乳饮料理化指标

项目	指标
脂肪/%	≥1.0
蛋白质/%	≥1.0
糖精/(g/L)	≤0.15
铅（以 Pb 计）	按 GB 2759 执行
增稠剂	按 GB 2760（2014 年增补品种）执行

表 2-7 中性含乳饮料微生物指标

项目	指标
细菌总数/(cfu/mL)	≤1 000
大肠菌群/(MPN/100 mL)	≤40
致病菌（系指肠道致病菌及致病性球菌）	不得检出

③中性含乳饮料的加工

A.工艺流程

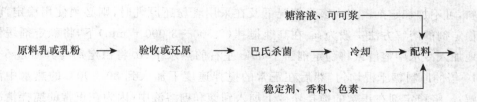

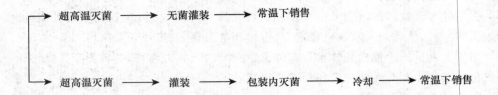

B. 工艺要点

◆原料　可采用原料乳或乳粉。

原料乳符合标准(QB/T 6914)后才能用于中性含乳饮料的生产。若采用乳粉还原来生产中性含乳饮料,乳粉也必须符合标准(GB/T 5410—2008)后方可使用;同时还应采用合适的设备来进行乳粉的还原。国内一般采用全脂乳粉来生产中性含乳饮料。

乳粉的还原:首先将水加热到 50～60℃,然后通过乳粉还原设备进行乳粉的还原。待乳粉完全溶解后,停止罐内的搅拌器,让乳粉在 50～60℃ 的水中保持20～30 min。

◆巴氏杀菌　原料乳检验完毕或乳粉还原后,先进行巴氏杀菌,同时将乳液冷却至 4℃。

◆原料糖的处理　为保证最终产品的质量,应先将糖溶解于热水中,然后煮沸15～20 min,再经过滤后加入到原料乳中(产品配方设计中应考虑到糖处理时的加水量)。

◆可可粉的预处理　可可粉中含有大量芽孢,同时含有很多颗粒,因此为保证灭菌效果和改善产品的口感,可可粉必须先溶于热水中,制成可可浆,并经 85～95℃ 20～30 min 热处理后,冷却,然后加入到牛乳中。因为当可可浆受热后,其中的芽孢菌因生长条件不利而变成芽孢;其冷却后,这些芽孢又因生长条件有利而变成营养细胞,这样在以后的灭菌工序中就很容易杀灭。

◆加稳定剂、香料与色素　对中性含乳饮料来说,若采用高质量的原料乳为原料,可不加稳定剂。但大多数情况下及在采用乳粉还原乳时,则必须使用稳定剂。稳定剂的溶解方法一般为:a. 在高速搅拌(2 500～3 000 r/min)下,将稳定剂缓慢地加入冷水中溶解或将稳定剂溶于 80℃ 左右的热水中;b. 将稳定剂与其质量 5～10 倍的原料糖干混均匀,然后在正常的搅拌速度下加入到 80～90℃ 的热水中溶解;c. 将稳定剂在正常的搅拌速度下加入到饱和糖溶液中(因为在正常的搅拌情况下它可均匀地分散于溶液中)。

卡拉胶是悬浮可可粉颗粒的最佳稳定剂,这是因为一方面它能与牛乳蛋白相结合形成网状结构,另一方面它能形成水凝胶。

由于不同的香料对热的敏感程度不同,因此若采用二段灭菌,所使用的香料和色素应耐121℃;若采用超高温灭菌,所使用的香料和色素应耐137~140℃的高温。

然后将所有的原辅料加入到配料缸中,低速搅拌15~25 min,以保证所有的物料混合均匀,尤其是稳定剂能均匀地分散于乳中。

◆灭菌 灭菌温度与超高温纯牛乳一样,通常采用137℃ 4 s。对塑料瓶或其他包装的二段灭菌产品而言,常采用121℃ 15~20 min的灭菌条件。但超高温灭菌的可可(或巧克力)风味含乳饮料的灭菌强度较一般风味含乳饮料要强,常采用139~142℃ 4 s。

通常超高温灭菌系统中都有脱气和均质处理装置。脱气一般放在均质前,均质可放在灭菌前(顺流均质),也可放在灭菌后(逆流均质)。一般来说,逆流均质产品的口感及稳定性较顺流均质要好,但操作比较麻烦,且操作不当易引起二次污染。脱气后含乳饮料的温度一般为70~75℃,此时再进行均质,通常采用两段均质工艺,压力分别为20 MPa和5 MPa。

◆冷却 为保证加入的稳定剂如卡拉胶起到应有的作用,在灭菌后应迅速将产品冷却至25℃以下。

④影响中性含乳饮料质量的因素

A.原料乳质量 高品质的中性含乳饮料必须使用高质量的原料乳(表2-8),否则会出现许多质量问题,如:a.原料乳的蛋白稳定性差将直接影响到灭菌设备的运转情况和产品的保质期,使灭菌设备容易结垢,清洗次数增多,停机频繁,从而导致设备连续运转时间缩短、耗能增加及设备利用率降低。b.若原料中细菌总数高,其中的致病菌产生的毒素经灭菌后可能仍会有残留,从而影响到消费者的健康。c.若原料中的嗜冷菌数量过高,那么在贮藏过程中,这些细菌会产生非常耐热的酶类,灭菌后仍有少量残余,从而导致产品在贮藏过程中组织状态方面发生变化。

B.香料、色素质量 根据产品热处理情况的不同,选用不同的焦糖色素。尤其对于超高温灭菌产品来说,若选用不耐高温的香料、色素,生产出来的产品风味很差,而且可能影响产品应有的颜色。

表 2-8   中性含乳饮料所需原料乳的质量标准

项目	指标
脂肪/%	≥3.10
蛋白质/%	≥2.95
相对密度(24℃/4℃)	≥1.028
酸度(以乳酸计)/%	≤0.144
滴定酸度/°T	≤16
杂质/(mg/L)	≤4
汞/(mg/L)	≤0.01
蛋白质稳定性	通过 75%酒精试验
冰点/℃	−0.54～−0.59
体细胞数/(个/mL)	≤500 000

(2)酸性含乳饮料　按其加工工艺的不同,又可分为调配型乳酸饮料和发酵型乳酸饮料,这里主要介绍调配型乳酸饮料。

①调配型乳酸饮料标准

A.感官指标　色泽呈均匀一致的乳白色,稍带微黄色或相应的果类色泽。口感细腻,甜度适中,酸而不涩,具有该饮料应有的滋味和气味,无异味。

B.组织状态　呈乳浊状,均匀一致不分层,允许有少量沉淀,无气泡、无异味。

C.理化指标　应符合表 2-9 的规定。

D.卫生指标　应符合表 2-10 的规定。

表 2-9   酸性含乳饮料理化指标

项目	指标
蛋白质/%	≥0.7
总固体/%	≥11
总糖(以蔗糖计)/%	≥10
酸度/°T	40～90
砷(以 As 计)/(mg/kg)	≤0.5
铅(以 Pb 计)/(mg/kg)	≤1.0
铜(以 Cu 计)/(mg/kg)	≤5.0
脲酶试验	阴性
食品添加剂	按 GB 2760 规定

表 2-10 酸性含乳饮料微生物指标

项目	指标
菌落总数/(cfu/mL)	≤100
大肠菌群/(MPN/100 mL)	≤3
霉菌总数/(cfu/mL)	≤30
酵母菌数/(cfu/mL)	≤50
致病菌(肠道致病菌及致病性球菌)	不得检出

②调配型乳酸饮料的概念 调配型乳酸饮料是指以原料乳或乳粉、糖、稳定剂、香料、色素等为原料,用乳酸、柠檬酸或果汁将牛乳的 pH 调整到酪蛋白的等电点(pH 4.6)以下(一般为 pH 3.7~4.2)而制成的一种含乳饮料。

根据国家标准,这种饮料的蛋白质含量应大于 1%,因此它属于含乳饮料的一种。调配型乳酸饮料产品几年前就已出现在国内市场上,而且这些年来此类饮料的发展非常迅速,每年的增长速度几乎都在 20% 以上。从目前来看,大多数调配型乳酸饮料采用小塑料瓶包装,容量在 90~150 mL 不等。由于这类包装产品通常都含有防腐剂,故产品的保质期一般可达 6 个月。根据人们对健康的要求,生产厂家大都在产品内强化了维生素 A、维生素 D 和钙,并将此类产品称之为 AD 钙奶。

从 1998 年开始,包装于无菌包的调配型含乳饮料出现于国内市场,这类产品采用高温瞬时巴氏杀菌,并采用无菌灌装形式。由于这类产品饮用方便、口感好且不含防腐剂,因此一上市即受到消费者的普遍欢迎。

调配型乳酸饮料在国外并不多见,只在一些亚洲国家如日本能发现类似产品。在欧美国家,同类产品通常是牛乳与纯果汁的混合物,产品的档次及质量远远高于国内产品。

③调配型乳酸饮料的加工

A. 典型的调配型乳酸饮料的基本工艺流程

原料乳或乳粉(全脂或脱脂乳粉)───→ 验收或还原 ───→ 巴氏杀菌 ───→ 辅料的混合 ───→

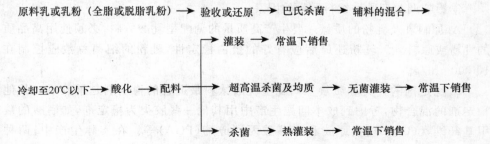

B. 工艺要点

◆乳粉的还原　乳粉在高温下的溶解还原不易控制,很难达到理想的酸化过程。因此,在还原过程中应用大约一半的水量来溶解乳粉,在保证乳粉能良好还原的前提下水温应尽可能低。

◆稳定剂的溶解　见本节中性含乳饮料加工过程中的工艺要点。

◆混合　将稳定剂溶液、糖浆等加入另一半水中,之后倒入巴氏杀菌乳中,混合均匀后,冷却至20℃以下。

◆酸化　酸化是调配型乳酸饮料生产中最关键的步骤,成品的品质优劣往往由调酸过程的质量来决定。

为得到最佳的酸化效果,酸化前应将物料的温度降至20℃以下;混料罐应配置高速(2 500～3 000 r/min)搅拌器,同时酸液应缓慢加入到配料罐内湍流区域,以保证酸液能迅速、均匀地分散于物料中,加酸过快会使酸化过程形成的酪蛋白颗粒粗大,产品易产生沉淀;有条件时可将酸液薄薄地喷洒到牛乳的表面,同时剧烈搅拌,以保证牛乳的界面能不断更新,从而得到较缓和的酸化效果;为易于控制酸化过程,在使用前应先将酸液稀释成10%～20%的溶液,还可在酸液中加入一些缓冲剂(如柠檬酸钠),以避免局部过酸;在升温及均质前,应先将牛乳的pH调至4.0以下,以保证酪蛋白颗粒的稳定性。

◆配料　酸化过程结束后,将香料、色素等配料加入到酸化的牛乳中,同时对产品进行标准化。

◆杀菌　调配型乳酸饮料的pH一般为3.7～4.2,属于高酸食品,其杀灭的对象菌主要为霉菌和酵母,故采用高温短时的巴氏杀菌就可实现商业无菌。理论上来说,采用95℃ 30 s的杀菌条件即可,但考虑到各个工厂的卫生状况及操作条件的不同,大部分工厂对无菌包装的产品采用105～115℃ 15～30 min的杀菌条件。对包装于塑料瓶中的产品来说,通常在灌装后再采用95～98℃ 20～30 min的杀菌条件。杀菌设备中一般都有脱气和均质处理装置,常用的均质压力为20 MPa和5 MPa。

④影响调配型乳酸饮料质量的因素

A. 原料乳及乳粉的质量　要生产高质量的调配型乳酸饮料,必须使用高品质的乳粉或原料乳。乳粉还原后应有好的蛋白稳定性,乳粉的细菌总数应控制在10 000 cfu/g。

B. 稳定剂的种类和质量　调配型乳酸饮料最适宜的稳定剂是果胶或与其他稳定剂的混合物,考虑到成本问题生产中用其他一些胶类为稳定剂,如耐酸的羧甲基纤维素(CMC)、黄原胶和海藻酸丙二醇酯(PGA)等。在实际生产中,两种或三种稳定剂混合使用比单一使用效果好,使用量根据酸度、蛋白质含量增加而增加。

C.水的质量　配料使用的水碱度过高,会影响饮料的口感,也易造成蛋白质沉淀、分层。

D.酸的种类　调配型乳酸饮料可以使用柠檬酸、苹果酸和乳酸作为酸味料,且以用乳酸生产出的产品质量最佳。

⑤ 调配型乳酸饮料生产中常见的质量问题及解决办法

A.沉淀及分层　沉淀是调配型乳酸饮料生产中最为常见的质量问题,究其原因如下:

◆选用的稳定剂不合适　即所选稳定剂在产品保质期内达不到应有的效果。为解决此问题,可采用果胶或与其他稳定剂复配使用。一般用纯果胶时,用量为0.35%~0.6%,但具体的用量和配比必须通过试验来确定。

◆酸液浓度过高　调酸时,若酸液浓度过高,很难保证在局部牛乳与酸液能很好地混合,从而使局部酸度偏差太大,导致局部蛋白质沉淀。解决的措施是,将酸稀释为10%或20%的溶液,同时也可在酸化前,将一些缓冲盐类如柠檬酸钠等加入到酸液中。

◆调配罐内搅拌器的搅拌速度过低　搅拌速度过低,很难保证整个酸化过程中酸液与牛乳能均匀地混合,从而导致局部 pH 过低,蛋白质沉淀。因此,为生产出高品质的调配型乳酸饮料,车间内必须配备一台带高速搅拌器的配料罐。

◆调酸过程加酸过快　加酸速度过快,可导致局部牛乳与酸液混合不均匀,从而使形成的酪蛋白颗粒过大,且大小分布不均匀。采用正常的稳定剂使用量,就很难保持酪蛋白颗粒的悬浮,因此整个调酸过程加酸速度不宜过快。

B.产品口感过于稀薄　有的厂家生产出来的酸性含乳饮料喝起来感觉像淡水一样,给消费者的感觉是厂家偷工减料,欺骗消费者。造成此类问题的原因有:乳粉的热处理不当;最终产品的总固形物含量过低;对配料终结点的把握不准。因此,生产前应检验乳粉的品质,选用合格的乳粉原料;在杀菌前检测产品的固形物含量是否符合标准;工作人员应严格执行工艺关键点控制。

(五)辨别纯牛奶与含乳饮料

牛奶饮品根据配料不同,可分为纯牛奶和含乳饮料两种。

1. 纯牛奶

纯牛奶也叫鲜牛奶、纯鲜牛奶。从产品的配料表上,可以看到这种产品的配料只有一种,即鲜牛奶。鉴别纯牛奶的好坏主要有两个指标:总干物质(也叫全乳固体)和蛋白质。它们的含量越高,牛奶的营养价值就越高,一般来说,价格也会相对较高。此外,深受消费者欢迎的酸奶是用纯牛奶发酵制成的,因此酸奶也属纯牛奶。

2. 含乳饮料

含乳饮料这种牛奶饮品的配料除了鲜牛奶以外,一般还有水、甜味剂、果味剂等,而水往往排在第一位(国家要求配料表的各种成分要按从高到低的顺序依次列出)。国家标准要求,含乳饮料中牛奶的含量不得低于 30%,也就是说,水的含量不得高于 70%。因为含乳饮料不是纯牛奶做的,所以营养价值不能与纯牛奶相提并论。

任务二　搅拌型和凝固型酸乳及冰激凌的制作工艺

【知识目标】

熟悉发酵乳、冰激凌制作的相关技术。

【能力目标】

1. 能够进行搅拌型酸乳、凝固型酸乳及冰激凌的制作。

2. 能够发现发酵乳加工过程中的关键控制点,并提出质量控制措施。

一、搅拌型酸乳的加工

(一)任务准备

1. 材料

牛乳 1 L,全脂乳粉 20 g,生产发酵剂 20 mL,草莓(菠萝、黄桃)60 g,蔗糖60 g。

2. 设备

恒温培养箱,冰箱,封罐机,台秤,燃气灶,温度计,量杯,锅,木铲,塑料盆,滤布,酸乳杯等。

(二)任务实施

(1)活化扩繁　取原菌种接种于灭菌脱脂乳中活化,扩繁至滴定酸度 90°T 以上及酸牛乳所需接种量。

(2)加糖过滤　检验合格的原料乳中加入 7% 的蔗糖溶解,用 6~8 层纱布过滤。

（3）均质 均质压力为 10～15 MPa。均质前预热至 55℃ 左右可提高均质效果。均质有利于提高酸乳的稳定性和稠度，并使酸乳质地细腻，口感良好。

（4）杀菌 90℃ 5 min，其目的是杀死病原菌及其他微生物；使乳中酶的活力钝化和抑菌物质失活；使乳清蛋白热变性，改善牛乳作为乳酸菌生长培养基的性能；改善酸乳的稠度。杀菌后在流水中冷却至 45～46℃。

（5）接种 保加利亚乳杆菌：嗜热链球菌＝1∶1，接种量 3%。

（6）搅拌型酸乳的发酵 在发酵罐或缸中进行，发酵过程中维持温度恒定，42℃ 培养 2.5～4 h 凝固。

（7）冷却 目的是快速抑制细菌的生长和酶的活性，以防止发酵过程产酸过度及搅拌时脱水。酸乳完全凝固（pH 4.6～4.7）时开始冷却。冷却过程应稳定进行；冷却过快将造成凝块收缩迅速，导致乳清分离；冷却过慢则会造成产品过酸和添加果料的脱色。工厂化冷却可采用片式冷却器、管式冷却器、表面刮板式热交换器、冷却缸（槽）等冷却，一般温度控制在 0～7℃ 为宜，实验室中将发酵缸移入流水中先冷却至室温，再放入冰箱冷却到 2～8℃。

（8）搅拌 通过机械力破坏凝胶体，使凝胶体的粒子直径缩小，并使酸乳的硬度和黏度及组织状态发生变化。实验室采用损伤性最小的手动搅拌以得到较高的黏度。工厂化一般采用凝胶体搅拌法。

（9）添加果料、灌装 果料和各种类型的调香物质，可在酸乳从缓冲罐到包装机输送过程中通过一台可变速的计量泵，按比例添加到酸乳中去。酸乳和果料在输送过程中通过一台混合装置，此装置固定在输送管道上，确保果料与酸乳混合均匀。酸乳可根据需要，确定灌装机及包装量和包装形式。

（10）后熟 将灌装好的酸乳置于冷库中 0～7℃ 冷藏 24 h 进行后熟，进一步促进芳香物质的产生并改善黏稠度。

（三）注意事项

（1）原料的正确选择。

（2）加工过程中各关键控制点的掌握。

二、凝固型酸乳的加工

（一）任务准备

1.材料

牛乳 1 L，蔗糖 60 g，全脂乳粉 20 g，生产发酵剂 20 mL。

2.设备

恒温培养箱，冰箱，封罐机，台秤，燃气灶，温度计，量杯，锅，木铲，塑料盆，滤布,酸乳杯等。

(二)任务实施

1. 工艺流程

原料→预处理→标准化→加糖→预热→均质→杀菌→冷却→接种工作发酵剂→灌装→(加入果料或香料)→发酵→冷却→后熟→销售

加入果料或香料,即为果料酸乳或调味酸乳。

2. 工艺要点

(1)原料乳 酸度≤18°T,脂肪≥11.5%,杂菌数<50万个/mL,不应含有抗生素等。

(2)预处理 计量;净化;冷却;贮藏。

(3)标准化

①标准化的目的 在食品法规允许范围内,根据所需酸乳成品的质量特征要求,对乳的化学组成进行改善,从而使其可能存在的不足的化学组成得以校正,保证各批成品质量稳定一致。

②标准化方法 目前乳品厂通过以下三种途径对原料乳进行标准化:

A. 直接加混原料组成 本法通过在原料乳中直接加混全脂或脱脂乳粉或强化原料乳某一乳的组分(如乳清酪蛋白粉、奶油、浓缩乳等)来达到原料乳标准化的目的。

B. 浓缩原料乳 作为乳品加工的重要工艺之一,浓缩通常有下列三种方法:蒸发浓缩、反渗透浓缩、超浓缩。

C. 重组原料乳(复原乳) 在某些国家或地区,由于奶源条件限制,常以脱脂乳粉、全脂乳粉、无水奶油为原料,根据所需原料乳的化学组成,用水来配制成标准原料乳。

(4)加糖 加糖的目的是提高酸乳的甜味,同时也可提高黏度,有利于酸乳的凝固性。一般加5%~8%的砂糖。加糖方法是用原料乳溶糖。

(5)预热、均质、杀菌和冷却

①预热 物料通过泵进入杀菌设备,预热至55~65℃,再送入均质机。

②均质 物料在15.0~20.0 MPa压力下均质,均质后回到杀菌器中。

③杀菌 在杀菌器内继续升温并保持一定时间。杀菌的目的是:杀灭物料中的致病菌和有害微生物,以保证食品安全;为发酵剂的菌种创造一个杂菌少、有利生长繁殖的外部条件;提高乳蛋白质的水合力。

④冷却 杀菌后的物料,进入杀菌器的预热段进行热交换,再在冷却段冷却至45℃左右。

(6)接种工作发酵剂 所谓接种,就是在物料基液进入乳罐(发酵罐)的过程中,通过计量泵将工作发酵剂连续地添加到物料基液中,或将工作发酵剂直接添加到物料中,搅拌混合均匀。

①接种量 制作酸乳所用工作发酵剂的接种量有最低、最高和最适三种。

最低接种量:最低接种量是按 0.5%～1.0% 的比例。其缺点是:产酸易受到抑制;易形成对菌种不良的生长环境;产酸不稳定。

最高接种量:最高接种量是按 5% 以上的比例。其缺点是:会给最终成品的组织状态带来缺陷;产酸过快,酸度上升得过高,因此给酸乳的香味带来缺陷。

最适接种量:最适接种量是按 2%～3% 的比例。

②接种方法

接种前的搅拌:接种之前,将发酵剂进行充分搅拌,目的是使菌体从凝乳块中分离出来,所以要搅拌到使凝乳完全破坏的程度。

发酵剂的添加:目前多使用特殊装置在密闭系统中以机械式自动进行发酵剂的添加,当没有这类装置时,可将充分搅拌好的发酵剂用手工方式倾入乳罐中。近年来,也有的酸乳加工厂采用直接入槽式冷冻干燥颗粒状发酵剂,只需按规定的比例将这种发酵剂撒入乳罐中,或撒入工作发酵剂乳罐中扩大培养一次,即可用作工作发酵剂。

(7)灌装 接种后经过充分搅拌的牛乳要立即连续地灌装到零售用的小容器中,这道工艺也称作充填。

(8)发酵 在控制发酵条件的情况下使原料乳发酵,制成质量良好一致的酸乳成品。

(9)冷却 冷却的目的是为了迅速而有效地抑制酸乳中乳酸菌的生长,终止发酵过程,防止产酸过度;稳定酸乳的组织状态,降低乳清析出的速度。

(10)冷藏 为了把酸乳中酶的变化和其他生物化学变化抑制到最小限度,最好在 0℃ 或再低一点的温度下进行冷藏,特别是长时间储藏可控制在 -0.8～$-1.2℃$。

(三)注意事项

(1)加工过程中各关键控制点的掌握。

(2)灌装使用的瓷瓶要浸泡在 85℃ 洗涤剂水中 10～20 min,彻底清洗,再放于 1%～1.5% 氢氧化钠溶液中浸泡,再用温水冲洗干净。

三、冰激凌的加工

(一)任务准备

1.材料

鸡蛋,饮用水,蔗糖,乳粉,牛奶,稀奶油,色素,香料(如香草粉)。

2.设备

冰激凌机,冰激凌杯,冰箱(有冷冻室和冷藏室),冰柜,温度计,锅,木铲(加热牛乳时搅拌用),塑料盆(用于冷却),滤布,台秤等。

(二)任务实施

(1)原材料混合　将稀奶油、蔗糖、香草粉等原料加入牛乳中,搅拌,使物料混合均匀。

(2)杀菌和老化　将物料加热至80℃保持25 s,然后立即冷却至20℃,放入4℃的冰箱内老化4~5 h。

(3)凝冻　老化完成后,将物料倒入冰激凌机进行凝冻。

(4)硬化　当凝冻完成时,将冰激凌取出装入容器中,送至硬化室(冰柜,温度34~23℃)进行硬化处理,时间10~12 h,硬化冰激凌所需时间较短。

(三)注意事项

制作出好的冰激凌,卫生条件很重要。操作过程中所用的设备、用具应严格杀菌,像勺子、过滤器等须煮沸后使用。

为保证冰激凌的质量以及便于销售与贮藏运输,已凝冻的冰激凌在分装和包装后,必须进行一定时间的低温冷冻的过程,以固定冰激凌的组织状态,并完成在冰激凌中形成极细小的冰结晶的过程,使其组织保持一定的松软度。

四、考核评价

优秀　能按照实训程序独立完成酸奶、冰激凌的加工制作,成品酸奶、冰激凌的凝固性状良好,具有酸奶、冰激凌的纯正风味。

良好　能按照实训程序独立完成实训操作,成品酸奶、冰激凌凝固性状较好,具有酸奶、冰激凌的风味。

及格　在教师指导下能完成酸奶、冰激凌的加工制作,成品酸奶、冰激凌的质量较好。

不及格　虽在教师指导下能完成实训操作,但成品酸奶、冰激凌的品质欠佳。

五、思考与练习题

1.判断对错。

(1)发酵在分装容器中进行的酸乳不是凝固型酸乳。(　　)

(2)接种是造成酸乳受微生物污染的主要环节之一,为防止霉菌、酵母、细菌、噬菌体和其他有害微生物的污染,必须施行无菌操作。(　　)

(3)酸奶生产后期冷藏工序的目的是为了增加香气。(　　)

(4)原料乳进厂时必须进行检验,我国规定原料乳酸度不能低于 20°T。(　　)

2.品评产品,对照市场上同类产品进行质量评定。

3.对产品进行成本核算,对照市场价格,计算利润率。

4.将观察到的 pH 与发酵时间对照,制作 pH 与发酵时间关系曲线图。

5.如何评价发酵剂的质量?

6.什么是凝固型酸乳?

7.什么是搅拌型酸乳?

8.冰激凌生产的基本工艺过程包括哪些?

9.冰激凌生产的基本工艺过程如何控制?

六、知识链接

(一)发酵乳制品

发酵乳制品是指乳在发酵剂(特定菌)的作用下发酵而成的乳制品。它包括:酸奶、开菲尔、酸奶油、乳酒(以马奶为主)、发酵酪乳、干酪等。

1.发酵剂

(1)概念　发酵剂是一种能够促进乳的酸化过程,含有高浓度乳酸菌的特定微生物培养物。

(2)发酵剂的种类

①按发酵剂制备过程分类

A.乳酸菌纯培养物　即一级菌种的培养,一般多接种在脱脂乳、乳清、肉汁或其他培养基中,或者用冷冻升华法制成一种冻干菌苗。

B.母发酵剂　即一级菌种的扩大再培养,它是生产发酵剂的基础。

C.生产发酵剂　即母发酵剂的扩大培养,是用于实际生产的发酵剂。

②按使用发酵剂的目的分类

A.混合发酵剂　这一类型的发酵剂含有两种或两种以上的菌,如保加利亚乳杆菌和嗜热链球菌按 1:1 或 1:2 比例混合的酸乳发酵剂,且两种菌比例的改变越小越好。

B. 单一发酵剂　这一类型发酵剂只含有一种菌。

(3)发酵剂的主要作用　分解乳糖产生乳酸;产生挥发性物质,如丁二酮、乙醛等,从而使酸乳具有典型的风味;具有一定的降解脂肪、蛋白质的作用,从而使酸乳更利于消化吸收;酸化过程抑制了致病菌的生长。

(4)发酵剂的选择　菌种的选择对发酵剂的质量起着重要作用,应根据生产目的不同选择适当的菌种。

选择发酵剂应从以下几方面考虑:产酸能力和后酸化作用;滋味和芳香味的产生;黏性物质的产生;蛋白质的水解性。

(5)发酵剂的制备　菌种的复活及保存;母发酵剂的调制;生产发酵剂的制备。

(6)发酵剂的质量要求　a.凝块应有适当的硬度,均匀而细滑,富有弹性,组织状态均匀一致,表面光滑,无龟裂,无皱纹,未产生气泡及乳清分离等现象。b.具有优良的风味,不得有腐败味、苦味、饲料味和酵母味等异味。c.将凝块完全粉碎后,质地均匀,细腻滑润,略带黏性,不含块状物。d.按规定方法接种后,在规定时间内产生凝固,无延长凝固的现象。测定活力(酸度)时符合规定指标要求。e.为了不影响生产发酵剂要提前制备,可在低温条件下短时间贮藏。

2.酸乳

(1)酸乳的概念　酸乳是指在添加(或不添加)乳粉(或脱脂乳粉)的乳中,由于保加利亚乳杆菌和嗜热链球菌的作用进行乳酸发酵制成的凝乳状产品,成品中含有大量相应的活菌。

(2)酸乳的分类

①按成品的组织状态分类　分为固型酸奶、搅拌型酸奶、饮料型酸乳、冻型酸乳。

②按成品的口味分类　分为天然纯酸奶、加糖酸乳、调味酸乳、果料酸乳、复合型或营养健康型酸乳、疗效酸奶(包括低乳糖酸奶、低热量酸奶、维生素酸奶或蛋白质强化酸奶)。

③按发酵的加工工艺分类　分为浓缩酸乳、冷冻酸奶、充气酸乳、乳粉。

④按菌种组成和特点分类　分为嗜热菌发酵乳(又分为单菌发酵乳、复合菌发酵乳)、嗜温菌发酵乳(又分为经乳酸发酵而成的产品、经乳酸发酵和酒精发酵而成的产品,后者如酸牛乳酒、酸马奶酒)。制作酸乳的常用发酵剂见表2-11和表2-12。

表 2-11 发酵剂(法国罗地亚公司 EZAL DVI)

应用范围	菌种类型	乳酸菌菌株	发酵温度/℃	发酵时间/h	发酵终点pH	用量/(U/100 L)
搅拌型	MYE96-98	ST+LB	43	4.5~5	4.5	4
	MYE96-98	ST+LB	43	3.5~4	4.7	4
凝固型	MYE800	ST+LB+LL	43	5	4.5	5
	MYE900	ST+LB	43	4.5	4.8	4

表 2-12 发酵剂(丹麦 Hansen's 公司 DVS 菌种)

应用范围	菌种类型	接种量/%	发酵温度/℃	发酵时间/h	发酵终点pH	8℃ 7 d pH
搅拌型	YC-380	0.02	43	4.5~5	4.5	4.1
	YC-370	0.02	43	4.5~5	4.5	4.1
	YC-350	0.02	43	4.5~5	4.5	4.1
凝固型	YC-460	0.02	43	4.5~5	4.5	4.1
	YC-470	0.02	43	4.5~5	4.5	4.1
	YC-471	0.02	43	4.5~5	4.5	4.2

(3)我国酸乳成分标准 见表 2-13。

表 2-13 我国酸乳成分标准 %

成分		纯酸乳	调味酸乳	果料酸乳
脂肪	全脂	≥3.1	≥2.5	≥2.5
	部分脱脂	1.0~2.0	0.8~1.6	0.8~1.6
	脱脂	≤0.5	≤0.4	≤0.4
蛋白质		≥2.9	≥2.3	≥2.3
非脂乳固体		≤8.1	≤6.5	≤6.5

(4)原辅料要求及预处理方法

①原料乳的质量要求 生产酸乳的原料乳必须是高质量的,要求酸度在 18°T 以下,杂菌数不高于 50 万 cfu/mL,总干物质含量不得低于 11.5%。

不得使用病畜乳如乳房炎乳和残留抗生素、杀菌剂、防腐剂的牛乳。

②辅料

A. 脱脂乳粉（全脂奶粉）　质量高，无抗生素、防腐剂，一般添加量为 1%～1.5%。

B. 稳定剂　一般有明胶、果胶、琼脂、变性淀粉、CMC 及复合型稳定剂，其添加量应控制在 0.1%～0.5%。

③预处理

A. 均质　均质所采用的压力以 20～25 MPa 为好。

B. 热处理　原料奶经过 90～95℃（可杀死噬菌体）并保持 5 min 的热处理效果最好。

④接种　一般生产发酵剂其产酸活力均在 0.7%～1.0% 之间，此时接种量应为 2%～4%。如果活力低于 0.6%，则不能应用于生产。

制作酸乳常用的发酵剂为嗜热链球菌和保加利亚乳杆菌的混合菌种。如生产短保质期普通酸奶，发酵剂中球菌和杆菌的比例应调整为 1∶1 或 2∶1；生产保质期为 14～21 d 的普通酸奶时，球菌和杆菌的比例应调整为 5∶1；对于果料酸奶而言，两种菌的比例可以调整到 10∶1，此时保加利亚乳杆菌的产香性能并不重要，这类酸奶的香味主要来自添加的水果。

（5）工艺要点

①凝固型酸乳

A. 灌装　可根据市场需要选择玻璃瓶或塑料杯。在灌装前需对玻璃瓶、塑料杯进行蒸汽灭菌。

B. 发酵　用保加利亚乳杆菌与嗜热链球菌的混合发酵剂时，温度保持在 41～42℃，培养时间 2.5～4.0 h（2%～4% 的接种量）。

一般发酵终点可依据如下条件来判断：滴定酸度达到 80°T 以上；pH 低于 4.6；表面有少量水痕；倾斜酸奶瓶或杯，奶变黏稠。

发酵应注意避免震动，否则会影响组织状态；发酵温度应恒定，避免忽高忽低；发酵室内温度上下均匀；掌握好发酵时间，防止酸度不够或过度以及乳清析出。

C. 冷却　发酵好的凝固酸乳，应立即移入 0～4℃ 的冷库中。在冷藏期间，酸度仍会有所上升，同时风味成分双乙酰含量会增加。因此，发酵凝固后须在 0～4℃ 贮藏 24 h 再出售，通常把该贮藏过程称为后成熟，一般最大冷藏期为 7～14 d。

②搅拌型酸乳

A. 发酵　典型的搅拌型酸奶生产的培养时间为 42～43℃ 2.5～3 h；冷冻和冻干菌种直接加入酸奶培养罐时培养时间为 43℃ 4～6 h（考虑到其迟滞期较长）。

B.凝块的冷却 在培养的最后阶段,已达到所需的酸度时(pH 4.2~4.5),产品的温度应在 30 min 内从 42~43℃冷却至 15~22℃,冷却在具有特殊板片的板式热交换器中进行。

C.调味 冷却到 15~22℃以后,准备包装。果料和香料可在酸奶从缓冲罐到包装机的输送过程中加入。果料添加物可以是:甜的,常含 50%~55%的蔗糖,天然、不加糖的。果料应尽可能均匀一致,并可以加果胶作为增稠剂。

(6)酸乳常见的质量缺陷

①砂化 从酸乳的外观看,出现粒状组织。

原因:发酵温度过高;发酵剂的接种量过大,常大于 3%;杀菌升温的时间过长。

②风味不佳 无芳香味,有不洁味、原料乳的异臭等。

原因:保加利亚乳杆菌和嗜热链球菌的比例不适当;生产过程中污染了杂菌;酸甜比例不适当。

③表面有霉菌生长 酸乳贮藏时间过长或温度过高时,往往在表面出现有霉菌。黑斑点易被察觉,而白色霉菌则不易被注意。这种酸乳被人误食后,轻者有腹胀感觉,重者引起腹痛下泻。

④口感差 优质酸乳柔嫩、细滑,清香可口。但有些酸乳口感粗糙,有砂状感。

原因:生产酸乳时,采用了高酸度的乳或劣质的乳粉。

⑤乳清析出

原因:原料乳的干物质含量过低;生产过程中震动引起,另外是运输途中道路太差引起;蛋白质凝固变性不够,可由缺钙引起。

⑥发酵不良

原因:原料乳中含有抗生素和磺胺类药物。

控制措施:用于生产发酵乳制品的原料乳,必须作抗生素和磺胺等抑制微生物生长繁殖的药物的检验。

(二)冰激凌的加工工艺要点

1.原材料的收纳与贮存

干物料用量相应比较小,如乳清粉、稳定剂、乳化剂。可可粉通常为袋装运送。糖和乳粉可由可重复使用容器运送,用压缩气吹入贮仓。大量的原材料如糖和乳粉也可用袋装贮送,用特殊设备倒袋。液体产品如奶、稀奶油、炼乳、液体葡萄糖和植物油由罐运送。

乳原料在贮存之前需冷却到 5℃,而甜炼乳、葡萄糖浆和植物油则必须贮于相对较高温度(30~50℃),以保持黏度足够低,以便可以泵送。

乳脂以无水乳脂(AMF)的形式运送,如果是奶油,需先融化脂肪再泵送入贮缸并保持温度在 35～40℃,在此种情况下可以准备一到两班生产所用批量,以防止乳脂肪的氧化,否则应贮存于厌氧环境下。

2. 原料的配比与计算

冰激凌原料配比的计算即为冰激凌混合原料的标准化。在冰激凌混合原料标准化的计算中,首先应掌握冰激凌,然后按冰激凌质量标准进行计算。表 2-14 为典型冰激凌组成。

表 2-14　典型冰激凌组成　　　　　　　　　　　　　%

冰激凌类型	脂肪	非脂乳固体	糖	乳化剂、稳定剂	水分	膨胀率
甜点冰激凌	15	10	15	0.3	59.7	110
冰激凌	10	11	14	0.4	64.4	100
冰奶	4	12	13	0.6	70.4	85
莎白特	2	4	22	0.4	71.6	50
冰果	0	0	22	0.2	77.8	0

注:脂肪主要由牛奶、稀奶油、奶油或植物油提供,非脂乳固体为除脂肪以外的乳成分,如蛋白质、盐类、乳糖等,糖为液态或固态蔗糖(糖中 10% 可能是葡萄糖或甜味剂),乳化剂和稳定剂为单脂类、海藻盐、明胶等,水中可含有香料和色素,膨胀率指产品中空气量。其他成分主要如鸡蛋、果料和巧克力碎片等皆可在加工过程中加入。

(1)原料配比的原则　原则上要考虑脂肪与非脂乳固体的比例,总干物质含量,糖的种类和数量,乳化剂、稳定剂的选择与数量等。

在冰激凌混合料配方计算时,还需要适当考虑原料的成本和对成品质量的影响。例如为适当降低成本,结合具体产品品质要求,在一般奶油或牛奶冰激凌中可以用部分优质氢化油代替奶油。

(2)配方的计算　首先必须知道各种原料和冰激凌质量标准,作为配方计算的依据。

例如,现备有脂肪含量 30%、非脂乳固体含量为 6.4% 的稀奶油,含脂率 4%、非脂乳固体含量为 8.8% 的原料乳,脂肪含量 8%、非脂乳固体含量 20%、含糖量 40% 的甜炼乳及蔗糖等原料(表 2-15)。拟配制 100 kg 脂肪含量 12%、非脂乳固体含量 11%、蔗糖含量 14%、明胶稳定剂 0.5%、乳化剂 0.4%、香料 0.1% 的混合料。

表 2-15 主要原料成分表 %

原料名称	原料成分			
	脂肪	非脂乳固体	糖	总固形物
稀奶油	30	6.4		36.4
原料乳	4	8.8		12.2
甜炼乳	8	20	40	68
蔗糖			100	100

①计算稳定剂、乳化剂和香料的需要量

稳定剂(明胶):0.005×100=0.5(kg)

乳化剂:0.004×100=0.4(kg)

香料:0.001×100=0.1(kg)

②求出乳与乳制品和糖的需要量 由于冰激凌的乳固体含量和糖类分别由稀奶油、原料乳、甜炼乳引入,而糖类则由甜炼乳和蔗糖引入,故可设:稀奶油的需要量为 A,原料牛奶需要量为 B,甜炼乳的需要量为 C,蔗糖的需要量为 D,则:

$$A+B+C+D+0.5+0.4+0.1=100(kg)$$

各种原料采用的物料量:

脂肪:$0.3A+0.04B+0.08C=12$。

非脂乳固体:$0.064A+0.088B+0.2C=11$。

糖:$0.4C+D=14$。

解上述方程式,分别得:$A=26.98$ kg,$B=41.03$ kg,$C=28.31$ kg,$D=2.68$ kg。

③核算

100 kg 混合原料中要求含有:

脂肪:$100×0.12=12$(kg),非脂乳固体:$100×0.11=11$(kg),蔗糖:$100×0.14=14$(kg)。

所配制的 100 kg 混合原料中现含有:

脂肪量:共 11.99 kg。由稀奶油引入:$26.98×0.3=8.09$(kg),由原料乳引入:$41.03×0.04=1.64$(kg),由甜炼乳引入:$28.31×0.08=2.26$(kg)。

非脂乳固体:共 11.00 kg。由稀奶油引入:$26.98×0.064=1.73$(kg),由原料乳引入:$41.03×0.088=3.61$(kg),由甜炼乳引入:$28.31×0.2=5.66$(kg)。

蔗糖:共 14.00 kg。由甜炼乳引入:$28.31×0.4=11.32$(kg),由砂糖引入:

2.68 kg。

将上述计算的冰激凌原料的配合比例汇总,见表 2-16。

表 2-16　冰激凌混合原料的配合比例　　　　　　　　　　kg

原料名称	原料量	脂肪	非脂乳固体	糖	总干物质
稀奶油	26.98	8.09	1.73	11.32	9.82
原料乳	41.03	1.64	3.61	2.68	9.25
甜炼乳	28.31	2.26	5.66		19.24
蔗糖	2.68				2.68
稳定剂(明胶)	0.5				0.5
乳化剂	0.4				0.4
香料	0.1				0.1
合计	100	11.99	11.00	14.00	41.99

3.混合原料的配制

冰激凌混合原料的配制一般在杀菌缸内进行,杀菌缸应具有杀菌、搅拌和冷却的功能。

砂糖应另备容器,预制成 65%～70%的糖浆备用;

牛奶、炼乳及乳粉等溶化混合经 100～120 目筛过滤后使用;

蛋品和乳粉必要时,除先加水溶化过滤外,还应采取均质处理;

奶油或氢化油可先加热融化,筛滤后使用;

明胶或琼脂等稳定剂可先制成 10%的溶液后加入;

香料在凝冻前添加为宜,待各种配料加入后,充分搅拌均匀。

混合料的酸度以 0.18%～0.2%范围为宜。酸度过高应在杀菌前进行调整,可用小苏打等进行中和,但不得过度,否则会产生涩味。

4.杀菌

在杀菌缸内进行杀菌,可采用 75～78℃,保温 15 min 的巴氏杀菌条件,能杀灭病原菌、细菌、霉菌和酵母等。但可能残存耐热的芽孢菌等微生物。如果所用原材料含菌量较多,在不影响冰激凌品质的条件下,可选用 75～76℃,保持 20～30 min 的杀菌工艺,以保证混合料中杂菌数低于 50 个/g。杀菌效果可通过做大肠杆菌试验确定。若需着色,则在杀菌搅拌初期加入色素。

5.均质

(1)均质的作用　未经均质处理的混合料虽可制造冰激凌,但成品质地较粗。

均质可使冰激凌组织细腻,形体润滑柔软,稳定性和持久性增加,提高膨胀率,减少冰结晶等,十分必要。杀菌之后料温在 63～65℃间,采用均质机以 15～18 MPa 的压力均质。

(2)均质的影响因素

①温度　在较低温度(46～52℃)下均质,料液黏度大,则均质效果不良,需延长凝冻搅拌时间;当在最佳温度(63～65℃)下均质时,凝冻搅拌所需时间可以缩短;如若在高于80℃的温度下均质,则会促进脂肪聚集,且会使膨胀率降低。

②均质压力　过低,脂肪乳化效果不佳,会影响制品的质地与形体;若均质压力过高,使混合料黏度过大,凝冻搅拌时空气不易混入,为了达到所要求的膨胀率则需延长凝冻搅拌时间。

6.冷却与老化

(1)冷却　混合原料经过均质处理后,应立即转入冷却设备中,迅速冷却至老化温度 2～4℃。

如混合料温度较高,如大于 5℃,则易出现脂肪分离现象,但亦不宜低于 0℃,否则容易产生冰结晶,影响质地。冷却过程可在板式热交换器或圆筒式冷却缸中进行。

(2)老化　是将混合原料在 2～4℃的低温下保持一定时间,进行物理成熟的过程。目的在于使蛋白质、脂肪凝结物和稳定剂等物料充分地溶胀水化,提高黏度,以利于凝冻膨胀时提高膨胀率,改善冰激凌的组织结构状态。老化时间为 2～24 h。在0～1℃,则约2 h即可;而高于6℃时,即使延长老化时间也得不到良好的效果。

老化持续时间与混合料的组成成分也有关,干物质越多,黏度越高,老化所需要的时间越短。现在由于制造设备的改进和乳化剂、稳定剂性能的提高,老化时间可缩短。有时,老化可以分两个阶段进行:将混合原料在冷却缸中先冷却至15～18℃,并在此温度下保持 2～3 h,此时混合原料中明胶溶胀比在低温下更充分。然后混合原料冷却至2～3℃保持3～4 h,这样混合原料的黏度可以大大提高,并能缩短老化时间,还能使明胶的耗用量减少 20%～30%。

在老化过程中主要发生如下变化:

①干物料的完全水合作用　尽管干物料在物料混合时已溶解了,但仍然需要一定的时间才能完全水合,完全水合作用的效果体现在混合物料的黏度以及后来的形体、奶油感、抗融性和成品贮藏稳定性上。

②脂肪的结晶　甘油三酯熔点最高,结晶最早,离脂肪球表面也最近,这个过程重复地持续着,因而形成了以液状脂肪为核心的多壳层脂肪球。乳化剂的使用

会导致更多的脂肪结晶。如果使用不饱和油脂作为脂肪来源,结晶的脂肪就会较少,这种情况下所制得的冰激凌其食用质量和贮藏稳定性都会较差。

③脂肪球表面蛋白质的解吸　老化期间冰激凌混合物料中脂肪球表面的蛋白质总量减少。现已发现,含有饱和的单甘油酸酯的混合物料中蛋白质解吸速度加快。电子显微照片研究发现,脂肪球表面乳化剂的最初解吸是黏附的蛋白质层的移动,而不是单个酪蛋白粒子的移动。在最后的搅打和凝冻过程中,由于剪切力相当大,界面结合的蛋白质可能会更完全地释放出来。

7. 凝冻

凝冻是冰激凌制造中的一个重要工序,它是将混合原料在强制搅拌下进行冷冻,这样可使空气呈极微小的气泡状态均匀分布于混合原料中,而使水分中有一部分(20%～40%)呈微细的冰结晶。

凝冻工序对冰激凌的质量和产率有很大影响,其作用在于冰激凌混合原料受制冷剂的作用而降低了温度,逐渐变厚而成为半固体状态,即凝冻状态。搅拌器的搅动可防止冰激凌混合原料因凝冻而结成冰屑,尤其是在冰激凌凝冻机的筒壁部分。在凝冻时,空气逐渐混入而使料液体积膨胀。

(1)冰激凌在凝冻过程中发生的变化

①空气混入　冰激凌一般含有 50% 体积的空气,由于转动的搅拌器的机械作用,空气被分散成小的空气泡,其典型的直径为 $50 \mu m$。空气在冰激凌内的分布状况对成品质量最为重要,空气分布均匀就会形成光滑的质构、奶油的口感和温和的食用特性。而且,抗融性和贮藏稳定性在相当程度上取决于空气泡分布是否均匀、适当。

②水冻结成冰　混合物料中大约 50% 的水冻结成冰晶,这取决于产品的类型。灌装设备温度的设置常常比出料温度略低,这样就能保证产品不至于太硬。但是值得强调的是,若出料温度较低,冰激凌质量就提高了,这是因为冰晶只有在热量快速移走时才能形成,在随后的冻结(硬化)过程中,水分仅仅凝结在产品中的冰晶表面上。因而,如果在连续式凝冻机中形成的冰晶多,最终产品中的冰晶就会少些,质构就会光滑些,贮藏中形成冰屑的趋势就会大大减小。

③搅拌　由于凝冻机中搅拌器的机械作用,失去了稳定的乳化效果,一些脂肪球被打破,液态脂肪释放出来。对于被打破和未被打破的脂肪球,这些液态脂肪起到了成团结块的作用,使脂肪球聚集起来。脂肪变成游离脂肪的最适比例为 15%。

在连续式凝冻机中,凝冻过程所获得的搅拌效果显示了乳化剂添加量的多少、均质是否适当、老化是否发生以及所使用的出料温度是否适当。脂肪球的聚集将对冰激凌的成品品质有很大的影响,聚集的脂肪位于冰激凌所结合的空气和乳浆相的界面间,因而包裹并稳定了结合的空气。食用冰激凌时,稳定的空气泡感觉像脂肪球,从而可以增加奶油感。聚集空气的稳定效果也使混入的空气分布得更好,从而产生了更光滑的质感,提高了抗融性和贮藏稳定性。

凝冻机中的出料温度越低,搅拌效果越明显,这也是温度应当尽可能低的另一个原因。

(2)冰激凌凝冻温度 冰激凌混合原料的凝冻温度与含糖量有关,而与其他成分关系不大。混合原料在凝冻过程中的水分冻结是逐渐形成的。在降低冰激凌温度时,每降低 1℃,其硬化所需的持续时间就可缩短 10%～20%。但凝冻温度不得低于 −6℃,因为温度太低会造成冰激凌不易从凝冻机内放出。

如果冰激凌的温度较低和控制制冷剂的温度较低,则凝冻操作时间可缩短,但其缺点为所制冰激凌的膨胀率低、空气不易混入,而且空气混合不均匀、组织不疏松、缺乏持久性。凝冻时的温度高、非脂乳固体物含量多、含糖量高、稳定剂含量高等均能使凝冻时间过长,其缺点是成品组织粗并有脂肪微粒存在,冰激凌组织易发生收缩现象。

(3)膨胀率 冰激凌的膨胀是指混合原料在凝冻操作时,空气被混入冰激凌中,成为极小的气泡,而使冰激凌体积增加的现象,又称为增容。此外因凝冻的关系,混合原料中绝大部分水分的体积亦稍有膨胀。冰激凌的膨胀率系指冰激凌体积增加的百分率。

冰激凌的体积膨胀,可使混合原料凝冻与硬化后得到优良的组织与形体,其品质比不膨胀或膨胀不够的冰激凌适口,且更为柔润与松散,又因空气中的微泡均匀地分布于冰激凌组织中,有稳定和阻止热传导的作用,可使冰激凌成型硬化后较持久不融化。但如冰激凌的膨胀率控制不当,则得不到优良的品质。膨胀率过高,则组织松软;过低时,则组织坚实。

冰激凌制造时应控制一定的膨胀率,以便使其具有优良的组织和形体。奶油冰激凌最适宜的膨胀率为 90%～100%,果味冰激凌则为 60%～70%。膨胀率的计算公式如下:

$$B = \frac{V_1 - V_m}{V_m} \times 100\%$$

式中:B——膨胀率(%);

V_1——冰激凌体积(L);

V_m——混合原料的体积(L)。

在制造冰激凌时应适当地控制膨胀率,为了达到这个目的,对影响冰激凌膨胀率的各种因素必须加以适当的控制。影响膨胀率的因素为:

①乳脂肪含量　与混合原料的黏度有关。黏度适宜则凝冻搅拌时空气容易混入。

②非脂乳固体含量　混合原料中非脂乳固体含量高,能提高膨胀率,但非脂乳固体中的乳糖结晶、乳酸的产生及部分蛋白质的凝固对混合原料膨胀有不良影响。

③糖分　混合原料中糖分含量过高,可使冰点降低、凝冻搅拌时间加长,有碍膨胀率的提高。

④稳定剂　多采用明胶及琼脂等。如用量适当,能提高膨胀率。但其用量过高,则黏度增强,空气不易混入,而影响膨胀率。

⑤乳化剂　适量的鸡蛋蛋白可使膨胀率增加。

⑥混合原料的处理　混合原料采用高压均质及老化等处理,能增加黏度,有助于提高膨胀率。

⑦混合原料的凝冻　凝冻操作是否得当与冰激凌膨胀率有密切关系,凝冻搅拌器的结构及其转速,混合原料凝冻程度等与膨胀率同样有密切关系,要得到适宜的膨胀率,除控制上述因素外,尚需有丰富的操作经验或采用仪表控制。

8.成型与硬化

凝冻后的冰激凌为了便于贮藏、运输以及销售,需进行分装成型。目前我国市场上一般有纸盒散装的大冰砖、中冰砖、小冰砖、纸杯装等几种。冰激凌的分装成型是采用各种不同类型的成型设备来进行的。冰激凌成型设备类型很多,目前我国常采用冰砖灌装机、纸杯灌注机、小冰砖切块机、连续回转式冰激凌凝冻机等。

为了保证冰激凌的质量以及便于销售与贮藏运输,已凝冻的冰激凌在分装和包装后,必须进行一定时间的低温冷冻过程,以固定冰激凌的组织状态,并完成在冰激凌中形成极细小的冰结晶的过程,使其组织保持一定的松软度,这称为冰激凌的硬化。

冰激凌凝冻后如不及时进行分装和硬化,则表面部分易受热而融化,如再经低温冷冻,则形成粗大的冰结晶,降低产品品质。

冰激凌硬化的情况与产品品质有着密切的关系。硬化迅速,则冰激凌融化少,组织中冰结晶细,成品细腻润滑;若硬化迟缓,则部分冰激凌融化,冰的结晶粗而多,成品组织粗糙,品质低劣。如果用硬化室(速冻室)进行硬化,一般温度保持在 $-23\sim-25$℃,需 $12\sim24$ h。

9.冰激凌的常见缺陷

(1)风味缺陷　冰激凌的风味缺陷大多是由于下列几种因素造成的。

①甜味不足 主要是由于配方设计不合理,配制时加水量超过标准,配料时发生差错或不等值地用其他糖来代替砂糖等所造成。

②香味不正 主要是由于加入香料过多,或加入香料本身的品质较差、香味不正,使冰激凌产生苦味或异味。

③酸败味 一般是由于使用酸度较高的奶油、鲜乳、炼乳;混合料采用不适当的杀菌方法;搅拌凝冻前混合原料搁置过久或老化温度回升,细菌繁殖,混合原料产生酸败味所致。

④蒸煮味 在冰激凌中,加入经高温处理的含有较高非脂乳固体量的乳制品,或者混合原料经过长时间的热处理,均会产生蒸煮味。

⑤咸味 冰激凌含有过多的非脂乳固体或者被中和过度,能产生咸味。在冰激凌混合原料中采用含盐分较高的乳清粉或奶油,以及冻结硬化时漏入盐水,均会产生咸味或苦味。

⑥金属味 在制造时采用铜制设备,如间歇式冰激凌凝冻机内凝冻搅拌所用铜质刮刀等,能促使产生金属味。

⑦油腻及油哈味 一般是由于使用过多的脂肪或带油腻味、油哈味的脂肪以及填充材料而产生的一种味道。

⑧烧焦味 一般是由于冷冻饮品混合原料加热处理时,加热方式不当或违反工艺规程所造成,另外,使用酸度过高的牛乳时,也会发生这种现象。

⑨氧化味 在冰激凌中,氧化味极易产生,这说明产品所采用的原料不够新鲜。这种气味亦可能在一部分或大部分乳制品或蛋制品中早已存在,其原因是脂肪的氧化。

(2)组织缺陷

①组织粗糙 在制造冰激凌时,由于冰激凌组织的总干物质量不足,砂糖与非脂乳固体量配合不当,所用稳定剂的品质较差或用量不足,混合原料所用乳制品溶解度差,均质压力不适当,混合原料进入凝冻机凝冻时温度过高,机内刮刀的刀刃太钝,空气循环不良,硬化时间过长,冷藏温度不正常,使冰激凌融化后再冻结等因素,均能造成冰激凌组织中产生较大的冰结晶体而使组织粗糙。

②组织松软 这与冰激凌含有多量的空气泡有关。使用干物质量不足的混合原料,或者使用未经均质的混合原料以及膨胀率控制不良均可造成这种缺陷。

③面团状的组织 在制造冰激凌时,稳定剂用量过多、硬化过程掌握不好,均可造成这种缺陷。

④组织坚实 含总干物质量过高及膨胀率较低的混合原料,所制成的冰激凌会具有这种组织状态。

(3)形体缺陷

①形体太黏　形体过黏的原因与稳定剂使用量过多、总干物质量过高、均质时温度过低以及膨胀率过低有关。

②有奶油粗粒　冰激凌中的奶油粗粒,是由于混合原料中脂肪含量过高、混合原料均质不良、凝冻时温度过低以及混合原料酸度较高形成的。

③融化缓慢　这是由于稳定剂用量过多、混合原料过于稳定、混合原料中含脂量过高以及使用较低的均质压力等所造成的。

④融化后呈细小凝块　一般是由于混合原料高压均质时,酸度较高或钙盐含量过高,而使冰激凌中的蛋白质凝成小块。

⑤融化后呈泡沫状　由于混合原料的黏度较低或有较大的空气泡分散在混合原料中,因而当冰激凌融化时,会产生泡沫现象。主要是制造冰激凌时稳定剂用量不足或稳定剂选用不当没有完全稳定所造成。

⑥冰的分离　冰激凌的酸度增高,会增加冰分离;稳定剂采用不当或用量不足,混合原料中总干物质不足以及混合料杀菌温度低,均能增加冰的分离。

⑦冰砾现象　冰激凌在贮藏过程中常常会产生冰砾。冰砾通过显微镜的观察为一种小结晶物质,这种物质实际上是乳糖结晶体,因为乳糖在冰激凌中较其他糖类难于溶解。如冰激凌长期贮藏在冷库中,在其混合原料中存在晶核、黏度适宜以及有适当的乳糖浓度与结晶温度时,乳糖便在冰激凌中形成晶体。冰激凌贮藏在温度不稳定的冷库中,容易产生冰砾现象。当冰激凌的温度上升时,一部分冰激凌融化,增加了不凝冻液体的量并降低了物体的黏度,在这种条件下,适宜于分子的渗透,而水分聚集后再冻结使组织粗糙。

(4)冰激凌的收缩　冰激凌的收缩现象是冰激凌生产中重要的工艺问题之一。主要原因是由于冰激凌硬化或贮藏温度变异,黏度降低和组织内部分子移动,从而引起空气泡的破坏,空气从冰激凌组织内溢出,使冰激凌发生收缩。另一方面,当冰激凌组织内的空气压力较外界低时,冰激凌组织陷落而形成收缩。

①影响因素

膨胀率过高:冰激凌膨胀率过高,则相对减少了固体的数量及流体的成分,因此,在适宜的条件下,容易发生收缩。

蛋白质不稳定:蛋白质的不稳定,容易形成冰激凌的收缩。蛋白质不稳定的因素,主要是乳固体的脱水采用了高温处理,或是由于牛乳及乳脂的酸度过高等。故原料应采用新鲜、质量好的牛乳和乳脂,混合原料在低温时老化,增加蛋白质的水解量,则冰激凌的质量能有一定的提高。

糖含量过高:冰激凌中糖分含量过高,相对降低了混合料的凝固点。砂糖含量每增加 2％，则凝固点一般相对地降低约 0.22℃。如果使用淀粉糖浆或蜂蜜等，则将延长混合原料在冰激凌凝冻机中搅拌凝冻的时间，其主要原因是因为相对分子质量低的糖类的凝固点较相对分子质量高者为低。

细小的冰结晶体：在冰激凌中，由于存在极细小的冰结晶体，因而产生细腻的组织，这对冰激凌的形体和组织来讲，是很适宜的。然而，针状冰结晶体能使冰激凌组织凝冻得较为坚硬，它可抑制空气气泡的溢出。

空气气泡：冰激凌混合原料在搅拌凝冻时，形成许多很细小的空气气泡，扩大了冰激凌的体积。由于空气气泡的压力与气泡本身的直径成反比，因此，气泡小则其压力反而大，同时，空气气泡周围的阻力则较小。故在冰激凌中，细小空气气泡更容易从冰激凌组织中溢出。

针对上述冰激凌的一些收缩原因，如在工艺操作上严格地加以控制，可以得到一定的改善。

②防收缩措施

第一，采用品质较好、酸度低的鲜乳或乳制品为原料，在配制冰激凌时用低温老化，以防止蛋白质含量的不稳定。

第二，在冰激凌混合原料中，糖分含量不宜过高，并不宜采用淀粉糖浆，以防凝冻点降低。

第三，严格控制冰激凌凝冻搅拌操作，防止膨胀率过高。

第四，严格控制硬化室和冷藏库内的温度，防止温度升降，尤其当冰激凌膨胀率较高时更需注意，以免使冰激凌受热变软或融化等。

实训项目三 中式肉制品加工

【知识目标】

1. 具备原料肉的识别及验收知识。

2. 具备常见肉品加工基本原理及工艺配方的相关知识。

3. 具备肉品加工所需各辅料识别及性能选择的相关知识。

4. 具备常见肉品加工操作工艺的知识及品质评定知识。

【能力目标】

1. 熟悉腌制品、干肉制品、酱卤制品、肠类制品的加工工艺。

2. 熟悉各中式肉制品加工过程中所需设备的性能及使用。

3. 能够进行腊肉、肉干、肉松、酱牛肉及香肠制品的加工。

4. 能够发现各中式肉制品加工过程中的关键控制点,并提出质量控制措施。

5. 培养学生的安全生产意识。

任务一 腌腊肉制品加工

【知识目标】

熟悉咸肉和腊肉加工的相关技术。

【能力目标】

1. 具体能够进行咸肉和腊肉制品的生产操作。

2. 能够对生产过程中所遇到的一些问题进行分析处理。

一、咸肉

(一)任务准备

1.材料

去骨五花肉。

2.仪器

切肉刀,线绳,案板,盆,真空包装机,秤等。

(二)任务实施

1.工艺流程

原料选择→修整→开刀门→腌制→成品

2.工艺要点

(1)原料选择 鲜猪肉或冻猪肉都可以作为原料,五花肉、肋条肉、腿肉均可,但需肉色好,放血充分,且必须经过卫生检验部门检疫合格。若为新鲜肉,须摊开凉透;若是冻肉,则必须解冻微软后再行分割处理。

(2)修整 先用刀削去血脖部位污血,再割除淋巴结、血管、碎油及横膈膜等,按要求进行整理、切分。

(3)开刀门 可在肉上割出刀口,以便加速腌制,俗称"开刀门"。刀口的大小、深浅和多少取决于腌制时的气温和肌肉的厚薄。

(4)腌制 在 3~4℃条件下腌制。温度高,腌制过程快,但容易发生腐败;温度低,腌制慢,风味好。干腌时,用盐量为肉重的 14%~20%,硝石 0.05%~0.75%,盐硝混合后涂抹于肉表面,肉厚处多擦些,擦好盐的肉块堆垛腌制。最底层皮面朝下,每层间再撒一层盐,依次压实,最上一层皮面朝上,表面多撒些盐,每隔 5~6 d,上下互相调换一次,同时再补撒食盐,经 25~30 d 即成。

采用湿腌法腌制时,用开水配成 22%~35%的食盐溶液,再加 0.7%~1.2%的硝石,2%~7%的蔗糖。将肉成排地堆放在缸或木桶内,加入配好冷却的澄清盐液,以浸没肉块为度。盐液重为肉重的 30%~40%,肉面压上木板或石块,以防肉块漂浮起来。每隔 4~5 d 上下层翻转一次,15~20 d 即成。

3.质量标准

(1)一级品的腌猪肉 外观,干燥清洁;色泽,瘦肉呈红色或暗红色,脂肪切面呈白色或微红色,有光泽;组织形态,质地紧密,略有弹性,切面平整,层次分明;气味,具有腌猪肉应有的气味,无酸味、苦味。

(2)二级品的腌猪肉 外观,稍湿润,略发黏;色泽,瘦肉呈咖啡色或暗红色,脂肪切面呈微黄色,光泽较差;组织形态,质地稍软,无弹性,切面较平整;气味,尚有腌猪肉应有的气味,略有酸味。

（三）注意事项

一般腌咸肉,用盐在 14%～18%,本方法仅用 8%,因此,比用盐多的咸肉味道更鲜美。

晾晒是关键,必须在大太阳底下暴晒,不能放在没有太阳的地方。吹干的咸肉,没有晒干的香。

储存时,必须放入冰箱冷冻室冷冻储存,不能放冷藏室,以防发霉。

最高气温超过 18℃时,不能保证腌制质量。

二、腊肉

（一）任务准备

1. 材料

原料肉 100 kg（最好采用皮薄肉嫩、肥肉膘在 1.5 cm 以上的新鲜猪肋条肉为原料）,盐 3 kg,蔗糖 4 kg,曲酒 2.5 kg,酱油 3 kg,硝酸钠 12.5 g。

2. 仪器

切肉刀,线绳,案板,盆,烘烤和熏烟设备,真空包装机,秤等。

（二）任务实施

1. 工艺流程

原料选择→修整→开刀门→腌制→烘烤或熏制→成品

2. 工艺要点

（1）原料选择　鲜猪肉或冻猪肉都可以作为原料,肋条肉、五花肉、腿肉均可,但需肉色好,放血充分,且必须经过卫生检验部门检疫合格。若为新鲜肉,必须摊开凉透;如果是冻肉,必须解冻后再行分割处理。

（2）修整　先用刀削去血脖部位污血,再割除淋巴结、血管、碎油及横膈膜等,按要求进行整理、切分。

（3）开刀门　为加快腌制速度,可在肉上割出刀口,俗称"开刀门"。刀口的大小、深浅和多少取决于腌制时的气温和肌肉的厚薄。

（4）腌制　在 3～4℃条件下腌制。温度低,腌制慢,风味好;温度高,腌制快,但易发生腐败。干腌时,用盐量为肉重的 14%～20%,硝石 0.05%～0.75%,盐硝混合后涂抹于肉表面,肉厚处多擦些,擦好盐的肉块堆垛腌制。第一层皮面朝下,每层间再撒一层盐,依次压实,最上一层皮面向上,于表面多撒些盐,每隔 5～6 d,

上下互相调换一次,同时补撒食盐,经 25～30 d 即成。

采用湿腌法腌制时,用开水配成 22%～35% 的食盐液,再加 0.7%～1.2% 的硝石,2%～7% 的食糖(也可不加)。将肉成排地堆放在木桶或缸内,加入配好冷却的澄清盐液,以浸没肉块为度。盐液重为肉重的 30%～40%,肉面压以木板或石块。每隔 4～5 d 上下层翻转一次,15～20 d 即成。

(5)烘烤或熏制　腊肉因肥膘肉较多,烘烤或熏制温度不宜过高,一般将温度控制在 45～55℃,烘烤时间为 1～3 d,根据皮、肉颜色可判断,此时皮干,瘦肉呈玫瑰红色,肥肉透明或呈乳白色。常用木炭、锯木粉、瓜子壳等作为烟熏燃料,在不完全燃烧的条件下进行熏制,使肉制品具有独特的腊香。

(三)注意事项

(1)正确选择腊肉加工所需的原辅料。

(2)掌握加工过程中腌制和熏烟工艺的控制点。

三、考核评价

优秀　能按照实训操作程序独立完成腊肉的加工制作,成品色泽鲜明,肉身干爽结实,风味纯正。

良好　能按照实训操作程序独立完成腊肉的加工制作,产品品质较好。

及格　在教师指导下能完成实训操作,产品品质较好。

不及格　在教师指导下能完成实训操作,产品品质一般。

四、思考与练习题

1.腌制的主要任务是防止腐败变质,同时也为消费者提供了具有特别风味的肉制品。为了完成这些任务应如何控制腌制过程?

2.腌制过程中食盐有哪些作用?

3.腌制时常使用发色剂——硝酸盐和亚硝酸盐,试回答其发色机理。

4.试分析腌制产品成熟后出品率低的原因。

5.试分析产品的表面或断面存在大量空洞的原因。

五、知识链接

咸肉是以鲜肉为原料,用食盐腌制而成的肉制品。咸肉分为带骨和不带骨两种,带骨肉按加工原料的不同,有"连片"、"小块"、"段片"、"咸腿"之别。咸肉在我国各地都有生产,式样各异,品种繁多,其中以浙江咸肉、四川咸肉、上海咸肉等较为有名。如浙江咸肉皮薄,肌肉光洁,颜色嫣红,色美味鲜,气味醇香,又能久藏。

咸肉加工工艺大致相同,其特点是用盐量多。

肉的腌制是肉品贮藏的一种传统手段,也是肉品生产常用的加工方法。肉的腌制通常用食盐或以食盐为主并添加硝酸钠、蔗糖和香辛料等辅料对原料肉进行浸渍的过程。近年来,随着食品科学的发展,在腌制时常加入品质改良剂如磷酸盐、异维生素 C、柠檬酸等以提高肉的保水性,获得较高的成品率。同时腌制的目的已从单纯的防腐保藏发展到主要为了改善风味和色泽,提高肉制品的质量,从而使腌制成为许多肉类制品加工过程中一个重要的工艺环节。

腊肉指我国冬季(腊月)长期贮藏的腌肉制品。与咸肉的区别在于腊肉必须有风干、烘烤或熏制工艺。用猪肋条肉经剔骨、切割成条状后用食盐及其他调料腌制,经长期风干、发酵或经人工烘烤而成,使用时需加热处理。腊肉的种类很多,鲜猪肉的不同部位可以制成各种不同品种的腊肉,以产地分为湖南腊肉、四川腊肉、广东腊肉等,其产品的品种和风味各具特色。湖南腊肉肉质透明,皮呈酱紫色、肥肉亮黄、瘦肉棕红,风味独特;四川腊肉的特点是色泽鲜明,肥膘透明或乳白,腊香带咸;广东腊肉以色、香、味、形俱佳而享誉中外,其特点是选料严格,制作精细,色泽美观,香味浓郁,肉质细嫩,芬芳醇厚,甘甜爽口。全国各地的腊肉生产工艺大同小异。

（一）腌制的材料及其作用

1. 食盐的防腐作用

食盐是腌腊肉制品的主要配料,也是唯一不可缺少的腌制材料。食盐不能灭菌,但一定浓度（10%～15%）的食盐能抑制许多腐败微生物的繁殖,因而对腌腊制品具有防腐作用。肉制品中含有大量的蛋白质、脂肪等成分,但其鲜味要在一定浓度的咸味下才能表现出来。腌制过程中食盐的防腐作用主要表现在:a. 食盐较高的渗透压,引起微生物细胞的脱水、变形,同时破坏水的代谢;b. 影响细菌酶的活性;c. 钠离子的迁移率小,能破坏微生物细胞的正常代谢;d. 氯离子比其他阴离子(如溴离子)更具有抑制微生物活动的作用。此外,食盐的防腐作用还在于食盐溶液减少了氧的溶解度,氧很难溶于食盐水中,由于缺氧减少了需氧性微生物的繁殖。

2. 硝酸盐和亚硝酸盐的防腐作用

（1）抑菌机理

①加热过程中亚硝酸盐和肉中的一些化学成分反应,生成一种能抑制芽孢生长的物质。

②亚硝酸盐可以作为氧化剂或还原剂和细菌中的酶、辅酶、核酸或细胞膜等发生反应,影响细菌正常代谢。

③亚硝酸盐可以与细胞中的铁结合,破坏细菌代谢和呼吸。

④亚硝酸盐可同硫化物形成硫代硝基化合物,破坏细菌代谢和物质传递。

(2)抗氧化机理

①亚硝酸盐能稳定细胞膜中的脂肪,抑制肉中氧化物的产生。

②亚硝酸盐能结合非血红素铁,而非血红素铁是脂肪氧化的主要原因。

硝酸盐和亚硝酸盐的防腐作用受 pH 的影响很大,在 pH 为 6 时,对细菌有明显的抑制作用,当 pH 为 6.5 时,抑菌能力有所降低,在 pH 为 7 时,则不起作用,但其机理尚不清楚。

3.食糖的作用

腌制过程中食盐的作用,使腌肉因肌肉收缩而发硬且咸。添加蔗糖可缓和食盐的作用,因为糖受微生物和酶的作用而产生酸,促进盐水溶液 pH 下降而使肌肉组织变软。同时白糖可使腌制品增加甜味,减轻由食盐引起的涩味,增强风味,并且有利于增加咸肉、腊肉的成熟风味。

4.磷酸盐的保水作用

磷酸盐在肉制品加工中的作用,主要是提高肉的保水性,增加黏着力。磷酸盐呈碱性反应,加入肉中能提高肉的 pH,使肉膨胀度增大,从而增强保水性;增加产品的黏着力,减少养分流失;防止肉制品的变色和变质;有利于调味料浸入肉中心,使产品有良好的外观和光泽。

(二)腌制过程中的呈色

1.肌红蛋白的各种衍生物

(1)氧合肌红蛋白　　与氧充分接触,时间短,铁为二价,鲜红色。

(2)高铁肌红蛋白　　氧分压低,时间长,因氧化剂作用铁为三价,暗红色。

(3)血色原　　肌红蛋白的珠蛋白因热、酸或碱作用发生变性。

(4)高铁血色原　　血色原发生氧化。

(5)一氧化氮高铁肌红蛋白　　暗红色。

(6)一氧化氮肌红蛋白　　鲜艳的亮红色。

(7)一氧化氮亚铁血色原　　稳定的粉红色。

2.硝酸盐和亚硝酸盐对肉色的作用

首先硝酸盐在酸性条件下或还原细菌作用下形成亚硝酸盐。亚硝酸盐在微酸性条件下形成亚硝酸。亚硝酸是一个非常不稳定的化合物,腌制过程中在还原物质作用下形成一氧化氮。一氧化氮和肌红蛋白在适宜的条件下生成一氧化氮高铁肌红蛋白,一氧化氮高铁肌红蛋白再在适宜的条件下转化成一氧化氮肌红蛋白。一氧化氮肌红蛋白受热(或烟熏)生成一氧化氮亚铁血色原(稳定的粉红色)。

如前所述硝酸盐或亚硝酸盐的发色机理是其生成的一氧化氮亚铁血色原(稳

定的粉红色)形成显色物质。

3.发色助剂抗坏血酸盐对肉色的稳定作用

肉制品中常用的发色助剂有抗坏血酸和异抗坏血酸及其钠盐、烟酰胺等。其助色机理与硝酸盐或亚硝酸盐的发色过程紧密相连。

腌制液中的复合磷酸盐可改变盐水的 pH,从而影响抗坏血酸的助色效果,因此往往加抗坏血酸的同时加入助色剂烟酰胺。烟酰胺能形成稳定的烟酰胺肌红蛋白,使肉呈红色,且烟酰胺对 pH 的变化不敏感。据研究,同时使用抗坏血酸和烟酰胺助色效果好,且成品的颜色对光的稳定性要好得多。

目前世界各国在生产肉制品时,都非常重视抗坏血酸的使用。其最大使用量为 0.1%,一般为 0.025%~0.05%。

4.影响腌肉制品色泽的因素

(1)发色剂的使用量　肉制品的色泽与发色剂的使用量密切相关。用量不足时发色效果不明显。为了保证肉呈红色,亚硝酸钠的最低用量为 0.05 g/kg,用量过大时,过量的亚硝酸根的存在又能使血红素物质中的卟啉环的 α-甲炔键硝基化,生成绿色的衍生物。为了确保食用安全,我国国家标准规定:在肉制品中硝酸钠的最大使用量为 0.05 g/kg;亚硝酸钠的最大使用量为 0.15 g/kg,在安全范围内使用发色剂的多少和原料肉的种类、加工工艺条件及气温等因素有关。一般气温越高,呈色作用越快,发色剂可适当少添加些;气温越低,可适当多放些。

(2)肉的 pH　肉的 pH 也影响亚硝酸盐的发色作用。亚硝酸钠只有在酸性介质中才能还原成一氧化氮,所以当 pH 呈中性时肉色就淡,特别是为了提高肉制品的保水性,常加入碱性磷酸盐,常造成 pH 向中性偏移,影响呈色效果,所以应注意其用量。在过低的 pH 环境中,亚硝酸盐的消耗量增大,如使用亚硝酸盐过量,又易引起绿变,发色的最适 pH 范围一般为 5.6~6.0。

(3)温度　生肉呈色的过程比较缓慢,但经烘烤、加热后,反应速度加快。而如果配好料后不及时处理,生肉就会褪色,这就要求操作迅速。

(4)腌制的添加剂　蔗糖和葡萄糖由于其还原作用,可影响肉色强度和稳定性;烟酸、烟酰胺也可形成比较稳定的红色,但这些物质无防腐作用,不能代替亚硝酸钠;香辛料中的丁香对亚硝酸盐有消色作用。

(5)其他因素　例如添加抗坏血酸,当其用量高于亚硝酸盐时,在腌制时可起助呈色作用,在贮藏时可起护色作用,蔗糖和葡萄糖由于其还原作用,可影响肉色强度和稳定性;但这些物质没有防腐作用,所以暂时还不能代替亚硝酸钠。另一方面有些香辛料如丁香对亚硝酸盐还有消色作用。

综上所述,为了使肉制品获得鲜艳的颜色,除了要有新鲜的原料外,必须根据腌制时间长短,选择合适的发色剂,掌握适当的用量,在适宜的 pH 条件下严格操作。此外,要注意低温、避光,并采用添加抗氧化剂,真空包装或充氮包装,添加去氧剂脱氧等方法避免氧的影响,保持腌肉制品的色泽。

(三)腌制过程中的保水变化

腌制除了改善肉制品的风味,提高保藏性能,增加诱人的颜色外,还可以提高原料肉的保水性和黏结性。

1. 食盐的保水作用

食盐能使肉的保水作用增强。Na^+ 和 Cl^- 与肉蛋白质结合,在一定的条件下蛋白质立体结构发生松弛,使肉的保水性增强。此外,食盐腌肉使肉的离子强度提高,大量盐溶性蛋白渗出,提高了产品的嫩度,使肉的保水性提高。

肉在腌制时由于吸收腌制液中的水分和盐分而发生膨胀。对膨胀影响较大的是 pH、腌制液中盐的浓度、肉量与腌制液的比例等。肉的 pH 越高膨润度越大;盐水浓度在 8%～10%时膨润度最大。

2. 磷酸盐的保水作用

磷酸盐有增强肉的保水性和黏结性的作用。其作用机理是:

(1)磷酸盐呈碱性反应,加入肉中可提高肉的 pH,从而增强肉的保水性。

(2)磷酸盐的离子强度大,肉中加入少量即可提高肉的离子强度,改善肉的保水性。

(3)磷酸盐中的聚磷酸盐可使肌肉蛋白质的肌动球蛋白分离为肌球蛋白、肌动蛋白,从而使大量蛋白质的分散粒子因强有力的界面作用,成为肉中脂肪的乳化剂,使脂肪在肉中保持分散状态。此外,聚磷酸盐能改善蛋白质的溶解性,在蛋白质加热变性时,能和水包在一起凝固,增强肉的保水性。

(4)聚磷酸盐有除去与肌肉蛋白质结合的钙和镁等碱土金属的作用,从而能增强蛋白质亲水基的数量,使肉的保水性增强。

(四)肉的腌制方法

肉在腌制时采用的方法主要有四种,即干腌法、湿腌法、混合腌制法和注射腌制法,不同腌腊制品对腌制方法有不同的要求,有的产品采用一种腌制法即可,有的产品则需要采用两种甚至两种以上的腌制法。

1. 干腌法

干腌法是将食盐或混合盐涂擦在肉表面,然后层堆在腌制架上或层装在腌制容器内,依靠外渗汁液形成盐液进行腌制的方法。在食盐的渗透压和吸湿性的作用下,肉的组织液渗出水分形成食盐溶液,但盐水形成缓慢,盐分向肉内部渗透较慢,腌制时间较长,因而这是一种缓慢的腌制方法。但腌制品有独特的风味和质地。干腌法腌制后制品的重量减少,并损失一定量(15%~20%)的营养物质。损失的重量取决于脱水的程度、肉块的大小等,原料肉越瘦、温度越高损失重量越大。由于腌制时间长,特别对带骨火腿,表面污染的微生物很易沿着骨骼进入深层肌肉,而食盐进入深层的速度缓慢,很容易造成肉的内部变质。采用干腌方法的优点是简单易行,耐贮藏。缺点是咸度不均匀,费工,制品的重量和养分减少得很多。

2.湿腌法

将肉浸泡在预先配制好的食盐溶液中,通过扩散和水分转移,让腌制剂渗入肉内部,并比较均匀地分布,常用于腌制分割肉、肋部肉等。湿腌时盐的浓度很高,肉类腌制时,首先是食盐向肉内渗入而水分则向外扩散,扩散速度决定于盐液的温度和浓度。高浓度热盐液的扩散率大于低浓度冷盐液。硝酸盐也向肉内扩散,但速度比食盐要慢。瘦肉中可溶性物质则逐渐向盐液中扩散,这些物质包括可溶性蛋白质和各种无机盐类。为减少营养物质及风味的损失,一般采用老卤腌制。即老卤水中添混食盐和硝酸盐,调整好浓度后再用于腌制新鲜肉,每次腌制肉时总有蛋白质和其他物质扩散出来,最后老卤水内的浓度增加,因此再次重复应用时,腌制肉的蛋白质和其他物质损耗量要比用新盐液时的损耗少得多。卤水愈来愈陈,会出现各种变化,并有微生物生长,糖液和水给酵母的生长提供了适宜的环境,可导致卤水变稠并使产品产生异味。湿腌的缺点就是其制品的色泽和风味不及干腌制品;腌制时间长,蛋白质流失(0.8%~0.9%);含水分多,不宜保藏。

3.混合腌制法

这是利用干腌和湿腌互补的一种腌制方法。用于肉类腌制可先行干腌而后入容器内用盐水腌制。

注射腌制法也常和干腌或湿腌结合进行,这也是混合腌制法,即盐液注射入鲜肉后,再按层擦盐,然后堆叠起来,或装入容器内进行湿腌,但盐水浓度应低于注射用的盐水浓度,以便肉类吸收水分。

干腌和湿腌相结合可以避免湿腌法因食品水分外渗而降低腌制液浓度,同时腌制时不像干腌那样促进食品表面发生脱水现象,另外,内部发酵或腐败也能被有效阻止。

无论是何种腌制方法在某种程度上都需要一定的时间,为此:第一,要求有干净卫生的环境。第二,需保持低温(2~4℃),但环境温度不宜低于2℃,否则将显著延缓腌制速度。这两种条件无论在什么情况下都不可忽视。盐腌时一般采用不锈钢容器,最近使用合成树脂作盐腌容器的较多。

肉腌制时,肉块重量要大致相同,在干腌法中较大块的放最底层且脂肪面朝下,第二层的瘦肉面朝下,第三层又将脂肪面朝下,依此类推,但最上面一层要求脂肪面朝上,形成脂肪与脂肪,瘦肉与瘦肉相接触的腌渍形式。腌制液的量要没过肉表面,通常为肉量的 50%～60%。腌制过程中,每隔一段时间要将所腌肉块的位置上下交换,以使腌渍均匀,其要领是先将肉块移至空槽内,然后倒入腌制液,腌制液损耗后要及时补充。

另外需要提到的是水浸:它是一道腌制的后处理过程,一般用于干腌或较高浓度的湿腌工序之后,为防止盐分过量附着以及污物附着,需将大块的原料肉再放入水中浸泡,通过浸泡,不仅可除掉过量的盐分,还可调节肉内吸收的盐分。浸泡时应使用卫生、低温的水,一般浸泡在约等于肉块十倍量的静水或流动水中,所需时间及水温因盐分的浸透程度、肉块大小及浸泡方法而异。

4. 注射腌制法

为了加快食盐的渗透,防止腌肉的腐败变质,目前广泛采用盐水注射法。这是因为通过机械注射,不但增加了出品率,同时盐水分散均匀,再经过滚揉,使肌肉组织松软,大量盐溶性蛋白渗出,提高了产品的嫩度,增加了保水性、颜色、层次、纹理等得到了极大的改善,同时,也大大缩短了腌制周期。盐水注射的优点在于:可以预先计算出各种添加剂的添加量;可以制造出添加剂更加均匀分布的制品;可以利用多种添加剂;可以节省人力。目前的盐水注射是通过数十乃至数百根规则排列的注射针完成的,注射机有低压注射和高压注射两种,低出品率高档产品一般多采用低压注射,高出品率多充填物的产品则采用高压注射。使用低压注射机无法成功注射高压注射机制作的产品,同样高压注射机也无法制作出低压注射的产品。

(1)动脉注射腌制法 使用泵将盐水或腌制液经动脉系统压送入分割肉或腿肉内的腌制方法,为扩散盐腌的最好方法。但一般分割胴体的方法并不考虑原来的动脉系统的完整性,故此法只能用于腌制前后腿。腌制液一般用 16.5～17 波美度。此法的优点在于腌制液能迅速渗透至肉的深处,不破坏组织的完整性,腌制速度快;不足之处是用于腌制的肉必须是血管系统没有损伤,刺杀放血良好的前后腿,同时产品容易腐败变质,必须进行冷藏。

(2)肌肉注射腌制法 肌肉注射腌制法分单针头和多针头两种,肌肉注射用的针头大多为多孔的。单针头注射法适合于分割肉,一般每块肉注射 3～4 针,每针注射量为 85 g 左右,一般增重 10%。肌肉注射可在磅秤上进行。

多针头肌肉注射最适合用于形状整齐而不带骨的肉类,以肋条肉最为适宜。带骨或去骨肉均不可采用此法。多针头机器,一排针头可多达 20 枚,每一针头中有小孔,插入深度可达 26 cm,平均每小时注射 60 000 次。由于针头数量大,两针相距很近,注射时肉内的腌制液分布较好,可获得预期的增重效果。肌肉注射时腌制液经常会过多地聚集在注射部位的四周,短时间难以散开,因而肌肉注射时就需要较长的注射时间以便充分扩散腌制液而不至于聚集过多。

盐水注射腌制法可以降低操作时间,提高生产效益,降低生产成本,但其成品质量不及干腌制品,风味稍差,煮熟后肌肉收缩的程度比较大。

任务二　干肉制品加工

【知识目标】

熟悉肉干、肉松、肉脯加工的相关技术。

【能力目标】

1.能够进行肉干、肉松、肉脯的生产操作。

2.能够对生产过程中所遇到的一些问题进行分析处理。

一、肉干

(一)任务准备

1.材料

猪瘦肉 50 kg,精盐 1.5 kg,白糖 6 kg,酱油 1.5 kg,高粱酒 1 kg,味精 250 g,咖喱粉 250 g。

2.仪器

冷藏柜,煤气灶,蒸煮锅,锅铲,烤炉或烘房,台秤,天平,砧板,刀具,塑料盆。

(二)任务实施

1.工艺流程

原料选择与整理→预煮、切丁→复煮、翻炒→烘烤→成品

2.工艺要点

(1)原料选择与整理　选用新鲜的猪后腿或大排骨的精瘦肉,剔除皮、骨、筋、膜等,切成 0.5～1 kg 大小的肉块。

(2)预煮、切丁　坯料倒入锅内,并放满水,用旺火煮制,煮到肉无血水时便可出锅。将煮好的肉块切成长 1.5 cm、宽 1.3 cm 的肉丁,不论什么形状,都要大小一致。

(3)复煮、翻炒　肉丁与辅料同时下锅,加入白汤 3.5～4 kg,用中火边煮边翻炒,开始时慢些炒,到卤汁快烧干时稍快一些,不能焦粘锅底,一直炒至汁干后再出锅。

(4)烘烤　出锅后,将肉丁摊在铁筛子上,要求均匀,然后送入 60～70℃ 烤炉

或烘房内烘烤 6～7 h。为了均匀干燥,防止烤焦,在烘烤时应经常翻动,当产品表里均干燥时即为成品。

3.质量标准

成品外表黄色,里面深褐色,呈整粒丁状,柔韧甘美,肉香浓郁,咸甜适中,味鲜可口。出品率一般为 42%～48%。

肉干应符合国家卫生标准(GB 2726—2005)。

(1)感官指标 具有特有的色、香、味、形,无焦臭、哈喇等异味,无杂质。

(2)理化指标 理化指标应符合表 3-1 的规定。

(3)微生物指标 微生物指标应符合表 3-2 的规定。

表 3-1 肉干的理化指标

项目	指标
水/%	≤20
食品添加剂	按 GB 2760 执行

表 3-2 肉干的微生物指标

项目	指标
细菌总数/(个/g)	≤10 000
大肠菌群/(MPN/100 g)	≤30
致病菌	不得检出

注:致病菌指肠道致病菌及致病性球菌。

(三)注意事项

(1)正确选择肉干加工过程中所使用的原辅料。

(2)准确掌握预煮的技术要点。

二、肉松

(一)任务准备

1.材料

猪瘦肉 50 kg,食盐 1.5 kg,酱油 17.5 kg,黄酒 1 kg,白糖 1 kg,鲜姜 500 g,味精 100～200 g,八角 250 g。

2.仪器

冷藏柜,煤气灶,蒸煮锅,锅铲,烤箱,搓松机,砧板,刀具,塑料盆。

(二)任务实施

1.工艺流程

原料肉的处理→配料→煮制→除浮油→复煮→炒制→搓松→包装→成品

2.工艺要点

(1)原料肉的处理 肉料最好选用新鲜猪肉,去皮和所有肥膘,只取用瘦肉,以前后腿的瘦肉最为标准,再将瘦肉切成 3～4 cm 的方块,目前加工肉松除特别要求外,一般都用猪的瘦肉炒制。

(2)焖煮 将肉与清水、香辛料一起置于锅中。水量不宜太多,不必将肉料全部浸没,因煮制过程中,肉本身会排出部分水分。焖煮时火力不可太旺,煮沸后要立即减弱,改用慢火煮到肉料软散适度为止,一般需 3～4 h。带骨的肉料在煮好后要将骨剔除,同时除去油皮、脆骨、肥膘。

(3)除浮油 这是最关键的一道工序,与成品质量关系极大,必须掌握时间将浮油除净,油不净则不易炒干,并且易于焦锅,成品发硬,颜色发黑。

(4)复煮 将煮好除净浮油的肉块捞出,取原汤一部分加入调味料用大火煮开,当汤的香味浓度增大时,改用小火收汁,同时将肉块放入锅内,用锅铲不断轻轻翻动,直到汤汁完全浸到肉中,将肉取出。

(5)炒制 主要是脱水,使肉干燥酥松,增加香味。炒时要火力适中,操作轻而均匀。

(6)搓松 炒好的肉松要经揉搓使其松散,搓前不能冷冻,冷冻后会使肉松发脆,一般工厂采用搓松机进行搓松,经搓松后颜色由灰棕色变为金黄色,带有光泽,呈疏松的棉絮状。

(7)包装和贮藏 肉松的吸水性很强,长期贮藏最好装入玻璃瓶或马口铁盒中,短期贮藏可装入食品塑料袋内。刚加工成的肉松趁热装入预先经过洗涤、消毒和干燥的玻璃瓶,封严。贮藏于干燥处可以半年不变质。

3. 质量标准

成品色泽金黄,有光泽,呈丝绒状,纤维柔软疏松,鲜香可口,无杂质,无异味异臭。水分含量小于 20%,油分 8%～9%。

肉松应符合国家卫生标准(GB/T 23968—2009)。

(1)感官指标 见表 3-3。

表 3-3 肉松的感官指标

项目	指标	
	太仓肉松	福建肉松
色泽	浅黄色、浅黄褐色或深黄色	黄色、红褐色
气味	具有肉松固有的香味,无焦臭味,无哈喇等异味	
滋味	咸甜适口,无油涩味	
形态	绒絮状,无杂质、焦斑和霉斑	微粒状或稍带绒絮,无杂质、焦斑和霉斑

（2）理化指标 见表3-4。

表3-4 肉松的理化指标

项目	指标	
	太仓肉松	福建肉松
水分/%	≤20	≤8
食品添加剂	按 GB 2760 规定	

（3）微生物指标 见表3-5。

表3-5 肉松的微生物指标

项目	指标
细菌总数/（个/g）	≤30 000
大肠菌群/（MPN/100 g）	≤40
致病菌	不得检出

注：致病菌系指肠道致病菌及致病性球菌。

（三）注意事项

（1）正确选择肉松加工过程中所使用的原辅料。

（2）准确掌握炒制、搓松过程中的技术要点。

三、猪肉脯

（一）任务准备

1. 材料

猪瘦肉 50 kg，白糖 6.75 kg，酱油 4.25 kg，味精 250 g，胡椒粉 50 g，鲜鸡蛋 1.5 kg。

2. 设备

冷冻室或冷柜，煤气灶，蒸煮锅，烘箱，台秤，天平，砧板，刀具，塑料盆，烤盘，烤炉。

（二）任务实施

1. 工艺流程

原料选择与整理→冷冻→切片、拌料→烘干→烤熟→成品

2. 工艺要点

（1）原料选择与整理 选用新鲜猪后腿瘦肉为原料。修净肥膘，剔除骨头、筋

膜及碎肉,顺肌肉纤维方向分割成大块肉,用温水洗去油腻杂质,沥干水分。

（2）冷冻　将沥干水的肉块送入冷库速冻至肉中心温度达到－2℃即可出库,以便于切片。

（3）切片、拌料　把冷冻后的肉块装入切片机内切成 2 mm 厚的薄片。将辅料混合溶解后,加入肉片中,充分拌匀。

（4）烘干　把入味的肉片平摊于特制的筛筐上或其他容器内（不要上下堆叠）,然后送入 65℃的烘房内烘烤 5～6 h,经自然冷却后出筛即为半成品。

（5）烤熟　将半成品放入 200～250℃的烤炉内烤至出油,呈棕红色即可。烤熟后用压平机压平,再切成 12 cm×8 cm 规格的片形即为成品。

3.质量标准

成品颜色棕红透亮,呈薄片状,片形完整,厚薄均匀,规格一致,香脆适口,味道鲜美,咸甜适中。

肉脯应符合国家卫生标准（GB 2726—2005）。

（1）感官指标　具有特有的色、香、味、形,无焦臭、哈喇等异味,无杂质。

（2）理化指标　应符合表 3-6 的规定。

（3）微生物指标　应符合表 3-7 的规定。

表 3-6　肉脯的理化指标

项目	指标
水/%	≤22
食品添加剂	按 GB 2760 执行

表 3-7　肉脯的微生物指标

项目	指标
细菌总数/(个/g)	≤10 000
大肠菌群/(MPN/100 g)	≤30
致病菌	不得检出

注:致病菌系指肠道致病菌及致病性球菌。

（三）注意事项

原料选择要符合要求,调味要严格按照工艺要求完成,注意烤制过程中不要烤焦。

四、牛肉脯

（一）任务准备

1.材料

牛肉 20 kg,食盐 100 g,酱油 400 g,白糖 1.2 kg,味精 200 g,八角 20 g,姜末 10 g,辣椒粉 80 g,山梨酸 10 g,抗坏血酸的钠盐 10 g。

2.设备

冷冻室或冷冻柜,煤气灶,蒸煮锅,烘箱,台秤,天平,砧板,刀具,塑料盆,烤盘。

(二)任务实施

1.工艺流程

原料选择与整理→冷冻→切片、解冻→调味→铺盘→烘干→切形→焙烤→成品

2.工艺要点

(1)原料选择与整理　挑选不带脂肪、筋膜的合格牛肉,尽量选用后腿肌肉。把牛肉切成约 25 cm 见方的肉块。

(2)冷冻　将整理后的腿肉放入冷冻室或冷冻柜中冷冻,冷冻温度在-10℃左右,冷冻时间 24 h,肉的中心温度达到-5℃时为最佳,以利于切片。

(3)切片、解冻　将冷冻的牛肉放入切片机或进行人工切片,厚度一般控制在 1~1.5 mm,切片时须顺着牛肉纤维切。然后把冻肉片放入解冻间解冻,注意不能用水冲洗肉片。

(4)调味　将辅料与解冻后的肉片混合并搅拌均匀,使肉片中盐溶蛋白溶出。

(5)铺盘　一般为手工操作。先用食用油将竹盘刷一遍,然后将调味后的肉片平铺在竹盘上,肉片之间由溶出的蛋白胶相互粘住,但肉片之间不要重叠。

(6)烘干　将铺平在竹盘上的已连成大张的肉片放入 55~60℃的烘房烘干,需 2~3 h。烘干至含水量为 25% 为宜。

(7)切形　烘干后的牛肉片是一大张,把大张牛肉片从竹盘上揭起,切成 6~8 cm 的正方形或其他形状。

(8)焙烤　把切形后的牛肉片送入 200~250℃的烤炉中烤制 6~8 min,烤熟即为成品。

3.质量标准

成品红褐色,有光泽,呈片状,形状整齐,厚薄均匀;甜咸适中,肉质松脆,味道清香;无焦臭、哈喇等异味,无杂质。

(三)注意事项

选择符合要求的原料,严格按照工艺要求完成调味,烤制过程中不要烤焦。

五、考核评价

优秀　能按照实训操作程序独立完成肉干、肉松、肉脯的加工操作,并能很好地控制主要操作工序的操作,产品品质良好。

良好　能按照实训操作程序独立完成干肉制品的生产过程,产品品质较好。

及格　在教师指导下,能完成干肉制品的生产过程,产品品质较好。

不及格　虽在教师指导下能完成实训操作,但产品品质欠佳。

六、思考与练习题

1. 试述干制的方法、原理及生产操作过程。
2. 肉干、肉松和肉脯在加工工艺上有何显著不同?
3. 肉绒和油松的异同主要表现在哪几方面?
4. 试述加工过程中初煮的技术要点。
5. 试述肉松的生产操作过程。
6. 试述加工过程中炒制、搓松的技术要点。

七、知识链接

肉品干制就是在自然条件或人工控制条件下促使肉中水分蒸发的一种工艺过程,也是肉类食品最古老的贮藏方法之一。干制肉品是以新鲜的畜、禽的瘦肉作为原料,经熟制后再经脱水干制而成的一种干燥风味食品,全国各地均有生产。干制肉品具有营养丰富,美味可口,重量轻,体积小,食用方便,质地干燥,便于保存携带等特点,颇受旅行、探险和地质勘测人员的欢迎。

肉干是用牛、猪等瘦肉经预煮后,加入配料复煮,最后经烘烤而成的一种肉制品。由于原料肉、辅料、产地、外形等不同,其品种较多。如根据原料肉不同有猪干、牛肉干、羊肉干等;根据形状分为条状、片状、粒状肉干等;按辅料不同有麻辣肉干、五香肉干、咖喱肉干等。但各种肉干的加工工艺基本相同。

肉松是将肉煮烂,再经过炒制,揉搓而成的一种入口即化,易于贮藏的脱水制品。按所用的原材料不同,有牛肉松、猪肉松、鸡肉松及鱼肉松等。按其成品形态不同,可分为肉绒和肉松两类(肉绒成品金黄或淡黄,细软蓬松如棉絮;肉松成品呈团粒状,色泽红润)。我国的传统肉松产品有太仓肉松和福建肉松等。

肉脯是烘干的肌肉薄片,与肉干加工的区别之处在于不经过煮制。我国已有50多年制作肉脯的历史,全国各地均有生产,加工方法稍有差异,但成品一般为长方形薄片,厚薄均匀,酱红色,香脆干爽。

靖江猪肉脯是江苏省靖江著名的风味特产,以"双鱼牌"猪肉脯质量最优,该制品在国内外颇具盛名,曾获国家金质奖。

(一)干制的基本原理

干制既是一种保存手段,又是一种加工方法。肉品干制的基本原理可概括为一句话:通过脱去肉品中的一部分水,抑制微生物的活动和酶的活力,从而达到加工出新颖产品或延长贮藏时间的目的。

水分是微生物所必需的营养物质,但是并非所有的水分都被微生物利用,如在添加一定数量的糖、盐的水溶液中,大部分水分就不能被利用。我们把能被微生物、酶促化学反应所触及的水分(一般指游离水)称为有效水分。衡量有效水分的多少用水分活度(A_w)表示。水分活度是食品中水分的蒸汽压与纯水在该温度时的蒸汽压的比值。一般鲜肉、煮制后鲜制品的水分活度在 0.99 左右,香肠类 0.93~0.97,牛肉干 0.90 左右。

每一种微生物生长,都有所需的最低水分活度值。一般来说,霉菌需要的 A_w 为 0.80 以上,酵母菌为 0.88 以上,细菌生长为 0.99~0.91。总体上来说,肉与肉制品中大多数微生物都只有在较高 A_w 条件下才能生长。只有少数微生物需要低的 A_w。因此,通过干制降低 A_w 就可以抑制肉制品中大多数微生物的生长。但是必须指出,一般干燥条件下,并不能使肉制品中的微生物完全致死,只是抑制其活动。若以后环境适宜,微生物仍会继续生长繁殖。因此,肉类在干制时一方面要进行适当的处理,减少制品中各类微生物数量;另一方面干制后要采用合适的包装材料和包装方法,防潮防污染。

(二)影响肉品干制的因素

1. 肉品表面积

为了加速干湿交换,肉品常被分割成薄片或小片后,再行脱水干制。物料切成薄片或小颗粒后,缩短了热量向肉品中心传递和水分从肉品中心外移的距离,增加了肉品和加热介质相互接触的表面积,为肉品内水分外逸提供了更多的途径,从而加速了水分蒸发和肉品脱水干制。肉品的表面积越大,干燥速度越快。

传热介质和肉品之间干湿差距愈大,热量向肉品传递的速度也愈大,水分外逸速度亦增加。若以空气为加热介质,则湿度就降为次要因素。原因是肉品内水分以水蒸气状态从它表面外逸时,将在其周围形成饱和水蒸气层,若不及时排除掉,将阻碍肉品内水分进一步外逸,从而降低了水分的蒸发速度。

2. 空气流速

加大空气流速,能及时将聚积在肉品表面附近的饱和湿空气带走,以免阻止肉品内水分进一步蒸发,同时还因和肉品表面接触的空气量增加,而显著地加速肉品中水分的蒸发。因此,空气流速愈快,肉品干燥愈迅速。

3. 空气湿度

脱水干制时,如用空气作干燥介质,空气愈干燥,肉品干燥速度愈快,近于饱和的湿空气进一步吸收蒸发水分的能力远比干燥空气差。

4. 大气压力和真空

在大气压力为 101. 325 kPa(1 个大气压)时,水的沸点为 100℃,如大气压力下降,则水的沸点也就下降,因此在真空室内加热干制时,就可以在较低的温度下进行。

(三)肉品干制的方法

随着科学技术的不断发展,肉类脱水干制方法也在不断改进和提高。按照干制时干燥的方式,可以分为自然干燥、烘炒干燥、烘房干燥、低温升华干燥等。按照干制时产品所处的压力和加热源,可以分为常压干燥、微波干燥和减压干燥。

1. 按照干制时干燥的方式分类

(1)自然干燥　自然干燥法是古老的干燥方法,设备简单,费用低,但受自然条件的限制,温度条件很难控制,大规模的生产很少采用,只是在某些产品加工中作为辅助工序采用,如风干香肠的干制等。

(2)烘炒干燥　烘炒干燥亦称传导干燥。靠间壁的导热将热量传给与间壁接触的物料。由于湿物料与加热的介质(载热体)不是直接接触,又称间接加热干燥。传导干燥的热源可以是水蒸气、热空气等。可以在常温下干燥,亦可在真空下进行。加工肉松都采用这种方式。

(3)烘房干燥　烘房干燥亦称对流热风干燥。直接以高温的热空气为热源,借对流传热将热量传给物料,故又称直接加热干燥。热空气既是热载体又是湿载体。一般对流热风干燥多在常压下进行。因为在真空干燥情况下,由于气相处于低压,热容量很小,不能直接以空气为热源,必须采用其他热源。对流干燥室中的气温调节比较方便,物料不至于过热,但热空气离开干燥室时,带有相当大的热能,因此,对流干燥热能的利用率较低。

(4)低温升华干燥　在低温下一定真空度的封闭容器中,物料中的水分直接从冰升华为蒸汽,使物料脱水干燥,称为低温升华干燥。与上述三种方法相比,此法不仅干燥速度快,而且最能保持原来产品的性质,加水后能迅速恢复原来的状态。但设备较复杂,投资大,费用高。此外,尚有辐射干燥、介电加热干燥等,在肉类干制品加工中很少使用,故此处不作介绍。

2. 按照干制时产品所处的压力和加热源分类

(1)常压干燥　鲜肉在空气中放置时,其表面的水分开始蒸发,造成内外水分密度差,导致内部水分向表面扩散。因此,其干燥速度由水分的表面蒸发速度和内部扩散速度决定。但在升华干燥时,则无水分的内部扩散现象,是由表面逐渐移至内部。

常压干燥过程包括恒速干燥和降速干燥两个阶段,而降速干燥阶段又包括第一降速干燥阶段、第二降速干燥阶段。在恒速干燥阶段,肉块内部水分扩散的速率要大于或等于表面蒸发速度,此时水分的蒸发是在肉块表面进行,蒸发速度由蒸汽穿过周围空气膜的扩散速率所控制,干燥速度取决于周围热空气与肉块之间的温度差,而肉块温度可近似认为与热空气湿球温度相同。在恒速干燥阶段将除去肉中绝大部分的游离水。

当肉块中水分的扩散速率不能再使表面水分保持饱和状态时,水分扩散速率便成为干燥速度的控制因素。此时,肉块温度上升,表面开始硬化,进入降速干燥阶段。该阶段包括两个阶段:水分移动开始稍感困难阶段为第一降速干燥阶段,以后大部分成为胶状水的移动则进入第二降速干燥阶段。

肉品进行常压干燥时,温度对内部水分扩散的影响很大。干燥温度过高,恒速干燥阶段缩短,很快进入降速干燥阶段,但干燥速度反而下降。因为在恒速干燥阶段,水分蒸发速度快,肉块的温度较低,不会超过其湿球温度,加热对肉的品质影响较小。但进入降速干燥阶段,表面蒸发速度大于内部水分扩散速率,致使肉块温度升高,极大地影响肉的品质,且表面形成硬膜,使内部水分扩散困难,降低了干燥速率,导致肉块中内部水分含量过高,使肉制品在贮藏期间腐烂变质。故确定干燥工艺参数时要加以注意。在干燥初期,水分含量高,可适当提高干燥温度,随着水分减少应及时降低干燥温度。据报道,在完成恒速干燥阶段后,采用回潮后再行干燥的工艺效果良好。用煮熟肌肉在回转式烘干机中干燥过程中出现了多个恒速干燥阶段。干燥和回潮交替进行的新工艺有效地克服了肉块表面变硬和内部水分过高这一缺陷(Chang,1991)。除了干燥温度外,湿度、通风量、肉块的大小、摊铺厚度等都影响干燥速度。常压干燥时温度较高,且内部水分移动,易与组织酶作用,常导致成品品质变劣、挥发性芳香成分逸失等缺点,但干燥肉制品特有的风味也在此过程中形成。

(2)微波干燥 用蒸汽、电热、红外线烘干肉制品时,耗能大,时间长,易造成外焦内湿现象。利用新型微波能技术则可有效解决以上问题。微波是电磁波的一个频段,频率范围为300～3 000 MHz。微波发生器产生电磁波,形成带有正负极的电场。肉品中有大量的带正负电荷的分子(水、盐、糖)。在微波形成的电场作用下,带负电荷的分子向电场的正极运动,而带正电荷的分子向电场的负极运动。由于微波形成的电场变化很大,且呈波浪形变化,使分子随着电场的方向变化而产生不同方向的运动。分子间的运动经常产生阻碍、摩擦而产生热量,使肉块得以干燥。在微波接触到肉块时这种效应就会在肉块内外同时产生,而无须热传导、辐射、对流,在短时间内即可达到干燥的目的,且肉块内外受热均匀,表面不易焦煳。但微波干燥设备有投资费用较高、干肉制品的特征性风味和色泽不明显等缺点。

(3)减压干燥 肉品置于真空中,随真空度的不同,在适当温度下,其所含水分则蒸发或升华。也就是说,只要对真空度作适当调节,即使是在常温以下的低温也可进行干燥。理论上在真空度为613.18 Pa以下的真空中,液体的水成为固体的水,同时自冰直接变成水蒸气而蒸发,即所谓升华。就物理现象而言,采用减压干燥,随着真空度的不同,无论是水的蒸发还是冰的升华,都可以制得干制品。因此肉品的减压干燥有真空干燥和冻结干燥两种。

真空干燥是指肉块在未达结冰温度的真空状态(减压)下加速水分的蒸发而进行干燥。真空干燥时,在干燥初期,与常压干燥时相同,存在着水分的内部扩散和表面蒸发。但在整个干燥过程中,则主要为内部扩散与内部蒸发共同进行干燥。因此,与常压干燥相比较干燥时间缩短,表面硬化现象减小。真空干燥虽使水分在较低温度下蒸发干燥,但因蒸发造成的芳香成分逸失及轻微的热变性在所难免。

冻结干燥相似于前述的低温升华干燥,是指将肉块冻结后,在真空状态下,使肉块中的冰升华而进行干燥。这种干燥方法对色、味、香、形几乎无任何不良影响,是现代最理想的干燥方法。我国冻结干燥法在干肉制品加工中的应用才起步,相信会得到迅速发展。

冻结干燥是将肉块急速冷冻至-30~-40℃,将其置于可保持真空度13~133 Pa的干燥室中,因冰的升华而进行干燥。冰的升华速度,由干燥室的真空度及升华所需的热量决定。另外,肉块的大小、薄厚均有影响。冻结干燥法虽需加热,但并不需要高温,只供给升华潜热并缩短其干燥时间即可。冻结干燥后的肉块组织为多孔质,且其含水量少,故能迅速吸水复原,是方便面等速食品的理想辅料。同理贮藏过程中也非常容易吸水,且其多孔质与空气接触面积增大,在贮藏期间易被氧化变质,特别是脂肪含量高时更是如此。

任务三　酱卤制品加工

【知识目标】
熟悉酱牛肉加工的相关技术。

【能力目标】
1. 能够进行酱牛肉的生产操作。
2. 能够具体观察肉制品在熟制过程中的肉质变化。

一、酱牛肉

（一）任务准备

1.材料

牛肉 50 kg，干黄酱 5 kg，盐 1.85 kg，丁香 150 g，豆蔻 75 g，砂仁 75 g，肉桂 100 g，白芷 75 g，八角 150 g，花椒 100 g。

2.设备

冷藏柜，煤气灶，蒸煮锅，恒温冷热缸，台秤，天平，砧板，刀具，塑料盆，托盘。

（二）任务实施

1.工艺流程

原料选择与整理→调酱→装锅→酱制→成品

2.工艺要点

（1）原料选择与整理　选用符合卫生标准的优质牛肉。除去杂质、血污等，切成 750 g 左右的方肉块，然后用清水冲洗干净，控净血水。

（2）调酱　用一定量的水（以能淹没牛肉 6 cm 为合适）与黄酱拌和，用旺火烧沸 1 h，撇去上浮酱沫，去除酱渣。

（3）装锅　将整理好的牛肉，按不同部位和肉质老嫩，分别放入锅内。通常将结缔组织较多且坚韧的肉放在底层，而结缔组织少且较嫩的肉则放在上层，然后倒入调好的酱液，再投入各种辅料。

（4）酱制　用大火煮制 4 h 左右，煮制过程中，撇出汤面浮物，以消除膻味。为使肉块均匀煮制，每隔 1 h 倒 1 次锅，再加入适量老汤和食盐，肉块必须浸没入汤中。再改用小火焖煮 3～4 h，使香味渗入肉内。出锅时应保持肉块完整，将锅内余汤冲洒在肉块上，即为成品。

3.质量标准

成品为深褐色，油光发亮，无煳焦，酥嫩爽口，瘦肉不柴、不塞牙，五香味浓，无辅料渣，咸中有香，余味极强。

（三）注意事项

（1）正确选择酱牛肉加工过程中所使用的原辅料。

（2）准确掌握酱制过程中的技术要点。

二、苏州酱汁肉

（一）任务准备

1. 材料

猪肉 50 kg,食盐 1.5～2 kg,黄酒 2～3 kg,白糖 2～3 kg,桂皮 100 g,八角 100 g,葱 1 kg(捆成把),生姜 100 g,红曲米水适量,丁香、茴香、味精、酱油、甘草适量,I+G。

2. 设备

冷藏柜,煤气灶,蒸煮锅,恒温冷热缸,台秤,砧板,刀具,塑料盆,搪瓷盘。

（二）任务实施

1. 工艺流程

原料选择→整形→煮制→酱制→冷却→包装

2. 工艺要点

(1)原料选择与整形　选用太湖流域地区所饲养的太湖猪为原料,取肥膘厚不超过 2 cm 的带皮肋条肉作为加工原料。带皮猪肋条肉选好后,刮净毛,清除血污,剪去奶头,切去奶脯,砍下肋骨上端脊椎骨。将形成带有大排骨的肋条开条(俗称抽条子),然后切成宽 4 cm 的长方块,最好做到每 0.5 kg 切 10 块左右,排骨部分每 0.5 kg 切 7 块左右,并在每块肉上用刀划 8～12 条刀口,便于吸收盐分。

(2)煮制　将原料肉置于煮制容器中,按肉∶水为 1∶2 加水,煮沸 10～20 min,捞出后在清水中冲去泡沫备用。

(3)酱制　先制备酱制液或卤制液:以原料肉汁,添加白糖 1%,生姜 1%,食盐 3%,料酒 1%,桂皮 0.2%,丁香 0.05%,茴香 1%,味精 3%,酱油 2%,甘草 0.1%,I+G 0.01%,再按肉水比为 1∶1 加水煮制 2 h,过滤即成。将制备好的酱制液或卤制液放于煮锅中,然后加入预煮好的肉,开始用大火,煮沸后改用文火慢慢卤制,再煮制 2～4 h,直至煮熟为止。

(4)冷却包装　将煮好的肉静置冷却,然后真空包装,即为成品,可置于冷藏条件下保存。

3. 质量标准

成品为成形的小方块,樱桃红色,皮糯肉烂,入口即化,甜中带咸,肥而不腻。

（三）注意事项

(1)汤将干、肉已酥烂时即可出锅放于搪瓷盘内,不能堆叠。

(2)制好的酱汁应放在带盖的容器中,出售时应在肉上浇上酱汁。

三、德州扒鸡

（一）任务准备

1. 材料

光鸡 200 只,食盐 3.5 kg,酱油 4 kg,白糖 0.5 kg,小茴香 50 g,砂仁 10 g,丁香 25 g,白芷 125 g,草果 30 g,肉豆蔻 50 g,山奈 75 g,桂皮 125 g,陈皮 50 g,八角 100 g,花椒 50 g,葱 0.5 kg,姜 0.25 kg。

2. 设备

冷藏柜,煤气灶,蒸煮锅,恒温冷热缸,台秤,天平,砧板,刀具,塑料盆,托盘,铁网,竹排,石块。

（二）任务实施

1. 工艺流程

原料选择→宰杀、整形→上色和油炸→焖煮→出锅捞鸡→成品

2. 工艺要点

(1)原料选择　选择经检疫合格的母鸡或当年的其他鸡,要求鸡只肥嫩,体重 1.2～1.5 kg。

(2)宰杀、整形　颈部刺杀放血,切断三管(气管、食管、血管),放净血后,用 65～75℃ 热水浸烫,捞出后立即褪净毛,冲洗后,腹下开膛,取出所有内脏,用清水冲洗干净鸡体内外,将鸡两腿交叉插入腹腔内,双翅交叉插入宰杀刀口内,从鸡嘴露出翅膀尖,形成卧体口含双翅的形态,沥干水后待加工。

(3)上色和油炸　用毛刷蘸取糖液(蜜糖加水或用白糖加水煮成稀释,按 1∶4 比例配成)均匀地刷在鸡体表面。然后把鸡体放到烧热的油锅中炸制 3～5 min,待鸡体呈金黄透红的颜色后立即捞出,沥干油。

(4)焖煮　香辛料装入纱布袋,随同其他辅料一起放入锅内,把炸好的鸡体按顺序放入锅内排好,锅底放一层铁网可防止鸡体粘锅。然后放汤(老汤占总汤量一半),使整个鸡体全部浸泡在汤中,上面压上竹排和石块,以防止汤沸时鸡身翻滚。先用旺火煮 1～2 h,再改用微火焖煮,新鸡焖 6～8 h,老鸡焖 8～10 h 即可。

(5)出锅捞鸡　停火后,取出竹排和石块,尽快将鸡用钩子和汤勺捞出。为防止脱皮、掉头、断腿,出锅时动作要轻,应把鸡平稳端起,以保持鸡身的完整,出锅后即为成品。

3. 质量标准

成品色泽金黄,鸡翅、鸡皮完整,腿齐全,造型美观,肉质熟烂。趁热轻抖,骨肉

自脱,五香味浓郁,口味鲜美。

（三）注意事项

原料选择符合要求,上色和油炸按照工艺要求完成,捞鸡时注意保持鸡皮不破,整鸡不碎。

四、南京盐水鸭

（一）任务准备

1.材料

光鸭 10 只(约重 20 kg),食盐 300 g,八角 30 g,姜片 50 g,葱段 0.5 kg。

2.设备

冷藏柜,煤气灶,蒸煮锅,恒温冷热缸,台秤,天平,砧板,刀具,塑料盆,托盘。

（二）任务实施

1.工艺流程

原料选择→宰杀→整理、清洗→腌制→烘干→煮制→成品

2.工艺要点

（1）原料的选择与宰杀　选用肥嫩的活鸭,宰杀放血后,用热水浸烫并褪净毛,在右翅下开约 10 cm 长的口子,取出所有内脏。

（2）整理、清洗　斩去翅尖、脚爪。用清水洗净鸭体内外,放入冷水中浸泡30～60 min,除净鸭体中血水,然后吊钩沥干水分。

（3）腌制　先干腌后湿腌。

①干腌　即抠卤。每只鸭约用食盐10～13 g,先取 3/4 的食盐,从右翅下刀口放入体腔、抹匀,将其余 1/4 食盐擦于鸭体表及颈部刀口处。把鸭坯逐只叠入缸内腌制,干腌时间 2～4 h,夏季时间短些。

②湿腌　即复卤。湿腌须先配制卤液。配制方法:取食盐 5 kg,水 30 kg,姜、黄酒、八角、葱、味精各适量,将上述配料放在一起煮沸,冷却后即成卤液,卤液可循环使用。复卤时,将鸭体腔内灌满卤液,并把鸭腌浸在液面下,时间夏季为 2 h,冬季为 6 h,腌后取出沥干水分。

（4）烘干　把腌好的鸭吊挂起来,送入烘干房,温度控制在 45℃左右,时间约需 0.5 h,待鸭坯周身干燥起皱即可。经烘干的鸭经煮熟后皮脆而不韧。

（5）煮制　取一根竹管插入肛门,将辅料(其中食盐 150 g)混合后平均分成 10份,每只鸭 1 份,从右翅下刀口放入鸭体腔内。锅中加入清水,水开后,将鸭放入沸水中,用小火焖煮 20 min,然后提起鸭腿,把鸭腹腔的汤水控回锅里,再把鸭放入

锅内,使鸭腹腔灌满汤汁,反复 2～3 次,再焖煮 10～20 min,锅中水温控制在 85～90℃,等鸭熟后即可出锅。出锅时拔出竹管,沥去汤汁,即为成品。

3.质量标准

成品皮白肉嫩,鲜香味美,清淡爽口,风味独特。

(三)注意事项

烫毛水温 65～68℃,水量要多,便于鸭尸在水内搅烫均匀,且容易拔毛。鸭宰杀以后停放时间不能过久,一般 4～5 min,尸体未发硬,以便于拔净鸭毛,如时间过久,则毛孔收缩,尸体发硬,烫褪毛就很困难。

五、考核评价

优秀　能按照实训操作程序独立完成酱牛肉、酱汁肉、盐水鸭、扒鸡的制作,成品颜色均匀,形体完整,造型美观,肉质细嫩,烂而不散,且风味纯正。

良好　能按照实训操作程序独立完成制作,成品品质较好。

及格　在教师指导下能完成实训操作,成品品质较好。

不及格　虽在教师指导下能完成实训操作,但成品品质欠佳。

六、思考与练习题

1.试述酱卤制品的种类及其特点。

2.调味有哪些方法?

3.酱卤制品加工中的关键技术是什么?

4.酱制品和卤制品有何异同?

5.煮制时如何掌握火候?

6.酱卤制品煮制时肉的重量和蛋白质有何变化?

7.酱卤制品煮制时肉的结缔组织有何变化?

8.酱卤制品煮制时肉的脂肪组织有何变化?

9.酱卤制品煮制时浸出物有何变化?

七、知识链接

酱卤制品是在水中加食盐或酱油等调味料以及香辛料,经煮制而成的一类熟肉制品,是我国传统的肉制品。其主要特点是成品都是熟的,可以直接食用,产品酥润,有的带有卤汁,不易包装和贮藏,适于就地生产,就地供应。近些年来,由于包装技术的发展,已开始出现精包装产品。酱卤制品几乎在全国各地均有生产,但由于各地的消费习惯和加工过程中所用配料、操作技术不同,形成了许多地方特色风味的产品,有的已成为名产或特产,如苏州酱汁肉、北京月盛斋酱牛肉、南京盐水鸭、德州扒鸡、安徽符离集烧鸡等,不胜枚举。

酱卤制品突出调味与香辛料以及肉的本身香气,食之肥而不腻,瘦不塞牙。酱卤制品随地区不同,在风味上有甜、咸之别。北方式的酱卤制品咸味重,如符离集烧鸡;南方制品则味甜、咸味轻,如苏州酱汁肉。由于季节不同,制品风味也不同,夏天口重,冬天口轻。

酱卤制品中,酱与卤两种制品特点有所差异,两者所用原料及原料处理过程相同,但在煮制方法和调味材料上有所不同,所以产品特点也不相同。在煮制方法上,卤制品通常将各种辅料煮成清汤后将肉块下锅开始用大火,煮沸后改用文火慢慢卤制;酱制品则和各辅料一起下锅,大火烧开,文火收汤,最终便形成肉汁。在调料使用上,卤制品主要使用盐水,所用香辛料和调味料数量不多,故产品色泽较淡,突出原料的原有色、香、味;而酱制品所用香辛料和调味料的数量较多,故酱香味浓。

(一)酱卤制品的种类

酱卤制品因加入调料的种类、数量不同又有很多品种,通常有五香制品(或红烧制品)、酱汁制品、卤制品、蜜汁制品、糖醋制品、白煮制品以及糟制品等,其中五香制品在酱卤制品中无论是品种,还是产销量都是最多的。

(1)五香制品　又称酱制品,这类制品在制作中使用较多的酱油,同时加入了八角、桂皮、丁香、花椒、小茴香等五种香料,产品的特点是色深、味浓。

(2)酱汁制品　是以酱制为基础,加入红曲米为着色剂,在肉制品煮制将干汤出锅时把糖熬成汁刷在肉上,产品为樱桃红色,稍带甜味且酥润。

(3)卤制品　是先调制好卤汁或加入陈卤,然后将原料肉放入卤汁中,开始用大火,煮沸后改用文火慢慢卤制。陈卤使用时间越长,香味和鲜味越浓,产品特点是酥烂,香味浓郁。

(4)蜜汁制品　在制作中加入多量的糖分和红曲米水,产品多为红色,表面发亮,色浓味甜,鲜香可口。

(5)糖醋制品　在辅料中加入糖和醋,产品具有甜酸的滋味。

(6)白煮制品　在加工原料过程中,只加盐不加其他辅料,也不用酱油,产品基本上仍是原料的本色。

(7)糟制品　是在白煮的基础上,用"香糟"调味的一种冷食熟肉制品。

(二)酱卤制品的加工

酱卤制品的加工方法主要是两个过程,一是调味,二是煮制(酱制)。

1. 调味及其种类

(1)调味的概念　调味就是根据不同品种、不同口味加入不同种类或数量的调料(即将出锅时加入糖、味精等,以增加产品的色泽、鲜味叫辅助调味),加工成具有特定风味的产品。如南方人喜爱甜则在制品中多加些糖,北方人吃得咸则多加点盐,广州人注重醇香味则多放点酒。

(2)调味的种类　根据加入调料的作用和时间大致分为基本调味、定性调味和辅助调味等三种。

①基本调味　在原料整理后未加热前,用盐、酱油或其他辅料进行腌制,奠定产品的咸味,叫基本调味。

②定性调味　原料下锅加热时,随同加入的辅料如酱油、酒、香辛料等,决定产品的风味,叫定性调味。

③辅助调味　是制作酱卤制品的关键(必须严格掌握辅助调料的种类、数量以及投放的时间)。

2. 煮制

煮制是酱卤制品加工中主要的工艺环节,其对原料肉实行热加工的过程中,使肌肉收缩变形,降低肉的硬度,改变肉的色泽,提高肉的风味,达到熟制的作用。加热的方式有水、蒸汽、油等,通常多采用水加热煮制。

(1)煮制方法　在酱卤制品加工中煮制方法包括清煮和红烧。

①清煮　清煮又称预煮、白煮、白锅等。其方法是将整理后的原料肉投入沸水中,不加任何调料,用较多的清水进行煮制。清煮的目的主要是去掉肉中的血水和肉本身的腥味或气味,在红烧前进行。清煮的时间因原料肉的形态和性质不同有异,一般为15～40 min。清煮后的肉汤称白汤,清煮猪肉的白汤可作为红烧时的汤汁基础再使用,但清煮牛肉及内脏的白汤除外。

②红烧　红烧又称红锅。其方法是将清煮后的肉放入加有各种调味料、香辛料的汤汁中进行烧煮,是酱卤制品加工的关键性工序。红烧不仅可使制品加热至熟,更重要的是使产品的色、香、味及产品的化学成分有较大的改变。红烧的时间,随产品和肉质不同而异,一般为1～4 h。红烧后剩余的汤汁叫老汤或红汤,要妥善保存,待以后继续使用。制品加入老汤进行红烧风味更佳。

另外,油炸也是某些酱卤制品的制作工序,如烧鸡等。油炸的目的是使制品色泽金黄,肉质酥软油润,还可使原料肉蛋白质凝固,排除多余的水分,肉质紧密,使制品定型,在酱制时不易变形。油炸的时间一般为5～15 min,多数在红烧之前进行。但有的制品则经过清煮、红烧后再进行油炸,如北京月盛斋烧羊肉等。

(2)煮制火力　在煮制过程中,根据火焰的大小强弱和锅内汤汁情况,火力可分为大火、中火、小火三种。

①大火　又称旺火、急火等。大火的火焰高强而稳定,锅内汤汁剧烈沸腾。

②中火　又称温火、文火等。火焰较低弱而摇晃,锅内汤汁沸腾,但不强烈。

③小火　又称微火。火焰很弱而摇晃不定,锅内汤汁微沸或缓缓冒气。

火力的运用,对酱卤制品的风味及质量有一定的影响,除个别品种外,一般煮制初期用大火,中后期用中火和小火。大火烧煮的时间通常较短,其主要作用是尽快将汤汁烧沸,使原料初步煮熟。中火和小火烧煮的时间一般比较长,可使肉品变得酥润可口,同时使配料渗入肉的深部。加热时火候和时间的掌握对肉制品质量有很大影响,需特别注意。

任务四　肠类制品加工

【知识目标】

熟悉肠类制品加工的相关技术。

【能力目标】

1.能够进行香肠的生产加工操作。

2.能够对香肠生产的配方及熟制过程中所遇到的问题进行分析处理。

一、香肠加工

(一)任务准备

1.材料

瘦肉 80 kg,肥肉 20 kg,猪小肠衣 300 m,精盐 2.2 kg,白糖 7.6 kg,白酒(50度)2.5 kg,白酱油 5 kg,硝酸钠 0.05 kg。

2.设备

冷藏柜,煤气灶,蒸煮锅,恒温冷热缸,台秤,天平,砧板,刀具,塑料盆,托盘。

(二)任务实施

1.工艺流程

原料选择与修整→拌馅、腌制→灌制→漂洗→晾晒和烘烤→成品

2.工艺要点

(1)原料选择与修整　原料以猪肉为主,要求新鲜。瘦肉以后腿瘦肉为最好,

肥膘以背部硬膘为好。加工其他肉制品切割下来的碎肉亦可作原料。原料肉经过修整,去掉筋膜、骨和皮。瘦肉用装有筛孔为 0.4～1.0 cm 的筛板的绞肉机绞碎。肥肉切成 0.6～1.0 cm³ 大小。肥肉丁切好后清洗一次,以除去浮油及杂质,捞起沥干水分待用。肥、瘦肉要分别存放。

(2)拌馅与腌制 按选择的配料标准,原料肉和辅料混合均匀。搅拌时可逐渐加入 20％左右的温水,以调节黏度和硬度,使肉馅更滑润、致密。在清洁室内放置 1～2 h。当瘦肉变为内外一致的鲜红色,用手触摸有坚实感,不绵软,肉馅中汁液渗出,手摸有滑腻感时,即完成腌制,此时加入白酒拌匀,即可灌制。

(3)灌制 将肠衣套在灌嘴上,使肉馅均匀地灌入肠衣中。要掌握松紧程度,不能过松也不能过紧。

(4)漂洗 将湿肠用 35℃左右的清水漂洗一次,除去表面污物,然后悬挂起来,以便晾晒、烘烤。

(5)晾晒和烘烤 将悬挂好的香肠放在日光下暴晒 2～3 d。在日晒过程中,有胀气处应针刺排气。晚间送入烘烤房内烘烤,温度保持在 40～60℃。一般经过三昼夜的烘晒即完成,然后再晾挂到通风良好的场所风干 10～15 d 即为成品。

3.质量标准

色泽,瘦肉呈红色、枣红色,脂肪呈乳白色,色泽分明,外表有光泽;香气,腊香味纯正浓郁,具有香肠(腊肠)固有的风味;滋味,滋味鲜美,咸甜适中;形态,外形完整,长短、粗细均匀,表面干爽呈现收缩后的自然皱纹。

(三)注意事项

(1)正确选择香肠加工过程中所使用的原辅材料。

(2)正确操作加工设备。

(3)准确掌握晾晒和烘烤的时间和温度。

二、灌肠加工

(一)任务准备

1.材料

以哈尔滨红肠为例。猪瘦肉 76 kg,肥肉丁 24 kg,淀粉 6 kg,精盐 5～6 kg,味精 0.09 kg,大蒜末 0.3 kg,胡椒粉 0.09 kg,硝酸钠 0.05 kg,直径 3～4 cm 猪肠衣 20 cm。

2.设备

冷藏柜,煤气灶,蒸煮锅,恒温冷热缸,台秤,天平,砧板,刀具,塑料盆,托盘。

（二）任务实施

1.工艺流程

原料肉选择和修整→腌制→制馅→灌制→烘烤→煮制→烟熏→贮藏

2.工艺要点

（1）原料肉选择和整理　生产灌肠的原料肉，应选择脂肪含量低、结着力好的新鲜猪肉。要求剔除大小骨头，剥去肉皮，修去肥油、筋头、血块、淋巴结等。最后切成拳头大小的小块，将猪膘切成 1 cm 见方的肥丁，以备腌制。

（2）腌制　按比例添加配好的混合盐进行腌制。混合盐中通常盐占原料肉重的 2%～3%，亚硝酸钠占 0.025%～0.05%，抗坏血酸占 0.03%～0.05%。腌制温度一般在 10℃以下，以 4℃左右为佳，腌制 1～3 d。

（3）制馅　一般用 2～3 mm 孔径粗眼绞肉机绞碎，剁碎至糊状具有黏性时再放入搅拌机和肥丁搅拌均匀即成肉馅。

（4）灌制　灌制过程包括灌馅、捆扎和吊挂等工作。

（5）烘烤　烘房温度 65～80℃，烘烤时间以肠中心温度达 45℃以上为准，待肠衣表面干燥、光滑、手摸无黏湿感觉，表面深红色，肠头附近无油脂流出时，即可出烘房，大约 1 h。

（6）煮制　通常水煮法优于汽蒸法。水煮时，先将水加热到 90～95℃，把烘烤后的肠下锅，保持水温 78～80℃，当肉馅中心温度达到 70～72℃时为止。用手轻捏肠体，挺直有弹性，肉馅切面平滑光泽，则意味着煮熟；反之，则未熟。

（7）烟熏　烟熏可使肠表面干燥有光泽，形成特殊的烟熏色泽（茶褐色）；增强肠的韧性，使产品具有特殊的烟熏香味，提高防腐能力和延长贮藏时间。烟熏室温度保持在 40～50℃，熏烟 5～7 h，待灌肠表面光滑而透出肉馅红色，并且有枣子式皱纹时，即为熏烟成熟的成品。

（8）贮藏　未包装的灌肠吊挂存放，贮存时间依种类和条件而定。湿肠含水量高，如在相对湿度 75%～78%时，8℃条件下可悬挂 3 d，在 20℃条件下只能悬挂 1 d。水分含量不超过 30%的灌肠，当温度在 12℃，相对湿度为 72%时，可悬挂存放 25～30 d。

3.质量标准

成品的肠衣（肠皮）干燥完整，并与内容物密切结合，坚实而有弹力，无黏液及霉斑；切面坚实而湿润，肉呈均匀的蔷薇红色，脂肪为白色，无腐臭，无酸败味。

（三）注意事项

（1）正确选择灌肠加工过程中所使用的原辅材料。

（2）正确操作加工设备。

（3）准确掌握煮制的时间和温度。

（4）淀粉必须先以清水调和,除去底部渣滓后,在加肥丁之前加入。

三、香肚加工

（一）任务准备

1. 材料

猪瘦肉 80 kg,肥肉 20 kg,250 g 的肚皮（膀胱）400 只,白糖 5.5 kg,精盐 4～4.5 kg,香料粉 25 g（香料粉用花椒 100 份、桂皮 5 份、大茴香 5 份、焙炒成黄色、粉碎过筛而成）。

2. 设备

冷藏柜,煤气灶,蒸煮锅,恒温冷热缸,台秤,天平,砧板,刀具,塑料盆,托盘。

（二）任务实施

1. 工艺流程

选料→拌馅→灌制→晾晒→贮藏

2. 工艺要点

（1）浸泡肚皮　不论干制肚皮还是盐渍肚皮均需浸泡。一般要浸泡 3 h 乃至几天不等。每万只膀胱用明矾粉末 0.375 kg。先干搓,再放入清水中搓洗 2～3 次,里外层要翻洗,洗净后沥干备用。

（2）选料　选用新鲜猪肉,取其前、后腿瘦肉,切成筷子粗细、长约 3.5 cm 的细肉条,肥肉切成丁块。

（3）拌馅　先按比例将香料加入盐中拌匀,加入瘦肉条和肥肉丁,混合后加糖,充分拌和,放置 15 min 左右,待盐、糖充分溶解后即行灌制。

（4）灌制　根据膀胱大小,将肉馅称量灌入,大膀胱灌馅 250 g 左右,小膀胱灌馅 175 g 左右。灌完后针刺放气,然后用手握住膀胱上部,在案板上边揉边转,直至香肚肉料呈苹果状,再用麻绳扎紧。

（5）晾晒　将灌好的香肚,吊挂在阳光下晾晒,春季晒 2～3 d,冬季晒 3～4 d,晒至表皮干燥为止。然后转移到通风干燥室内晾挂 1 个月左右即为成品。

（6）贮藏　晾好的香肚,每 4 只为 1 扎,每 5 扎套 1 串,层层叠放在缸内,缸的中央留一钵口大小的圆洞,按 100 只香肚用麻油 0.5 kg,从顶层香肚浇洒下去。以后每隔 2 d 浇洒一次,用长柄勺子把底层香油舀起,复浇至顶层香肚上,使每只香肚的表面经常涂满香油,防止霉变和氧化,以保持浓香色艳。这种方法可将香肚贮存半年之久。

3.质量标准

(1)一级鲜度的香肚　外观,肚皮干燥完整且紧贴肉馅,无黏液及霉点,坚实或有弹性;组织状态,切面坚实;色泽,切面肉馅有光泽,肌肉灰红至玫瑰红色,脂肪白色或稍带红色;气味,具有香肚固有的风味。

(2)二级鲜度的香肚　外观,肚皮干燥完整且紧贴肉馅,无黏液及霉点,坚实或有弹性;组织状态,切开齐,有裂隙,周缘部分有软化现象;色泽,部分肉馅有光泽,肌肉深灰或咖啡色,脂肪发黄;气味,脂肪有轻微酸味,有时肉馅带有酸味。

(三)注意事项

(1)正确选择香肚加工过程中所使用的原辅材料。

(2)正确操作加工设备。

(3)准确掌握晾晒的时间。

四、考核评价

优秀　能按照实训操作程序独立完成所要求的肠制品的生产,能对肠制品生产过程中关键工序进行有效控制,生产的产品品质优良,并能对生产的产品进行客观、正确的评定。

良好　能按照实训操作程序独立完成所要求的肠制品的生产,产品品质较好。

及格　在教师指导下能完成实训操作,产品品质良好。

不及格　虽在教师指导下能完成实训操作,但生产的产品品质欠佳。

五、思考与练习题

1.试述肠制品的概念和种类。

2.试述中式香肠的加工工艺及质量控制。

3.简述香肠和灌肠的主要区别。

4.试述熟制灌肠加工的基本工艺及质量控制。

5.试述香肚的加工工艺及操作要点。

6.在肉制品加工中,亚硝酸盐有何作用?

7.简述烟熏的作用。

8.请归纳出红肠加工工艺过程。

六、知识链接

肠类制品现泛指以鲜(冻)畜禽、鱼肉为原料,经腌制或未经腌制,切碎成丁或绞碎成颗粒,或斩拌乳化成肉糜,再混合添加各种调味料、香辛料、黏着剂,充填入天然肠衣或人造肠衣中,经烘烤、烟熏、蒸煮、冷却或发酵等工序制成的肉制品。例如香肠、香肚、灌肠制品等。

香肠是指以肉类为主要原料,经切、绞成丁,配以辅料,灌入动物肠衣再晾晒或烘烤而成的肉制品。

香肚是用猪肚皮作外衣,灌入调制好的肉馅,经过晾晒而制成的一种肠类制品。

灌肠制品是以畜禽肉为原料,经腌制(或不腌制)、斩拌或绞碎而使肉成为块状、丁状或肉糜状态,再配上其他辅料,经搅拌或滚揉后而灌入天然肠衣或人造肠衣内经烘烤、熟制和熏烟等工艺而制成的熟制灌肠制品或不经腌制和熟制而加工的需冷藏的生鲜肠。

（一）选料

供肠类制品用的原料肉,应是来自健康牲畜,经兽医检验合格的、质量良好、新鲜的肉。凡热鲜肉、冷却肉或解冻肉都可用来生产。

猪肉用瘦肉作肉糜、肉块或肉丁,而肥膘则切成肥膘丁或肥膘颗粒,按照不同配方标准加入瘦肉中,组成肉馅。而牛肉则使用瘦肉,不用脂肪。因此,肠类制品中加入一定数量的牛肉,可以提高肉馅的黏着力和保水性,使肉馅色泽美观,增加弹性。某些肠类制品还应用各种屠宰产品,如肉屑、肉头、食道、肝、脑、舌、心和胃等。

（二）腌制

一般认为,在原料中加入适量食盐和硝酸钠,基本能适合人们的口味,并且具有一定的保水性和贮藏性。

将细切后的小块瘦肉和脂肪块或膘丁摊在案板上,撒上食盐,用手搅拌,务求均匀。然后,装入高边的不锈钢盘或无毒、无色的食用塑料盘内,送入 0℃ 左右的冷库内进行干腌。腌制时间一般为 2~3 d。

（三）绞肉

用绞肉机将肉或脂肪切碎称为绞肉。在进行绞肉操作之前,检查金属筛板和刀刃部是否吻合。检查结束后,要清洗绞肉机。在用绞肉机绞肉时肉温应不高于10℃。通过绞肉工序,原料肉被绞成细肉馅。

（四）斩拌

将绞碎的原料肉置于斩拌机的料盘内,剁至糊状称为斩拌。斩拌的目的是提高肉的黏着性,增加肉馅的保水性和出品率,减少油腻感,提高嫩度;改善肉的结构状况,使瘦肉和肥肉充分拌匀,结合得更牢固;提高制品的弹性,烘烤时不易"起油"。在斩拌机和刀具检查清洗之后,即可进入斩拌操作。

（五）搅拌

搅拌的目的是使原料和辅料充分结合,使斩拌后的肉馅继续通过机械搅动达到最佳乳化效果。操作前要认真清洗搅拌机叶片和搅拌槽。搅拌操作程序是先投入瘦肉,接着添加调味料和香辛料。添加时,要撒到叶片的中央部位,靠叶片从内侧向外侧的旋转作用,使其在肉中分布均匀。一般搅拌 5～10 min。

（六）充填

充填主要是将制好的肉馅装入肠衣或容器内,成为定型的肠类制品。这项工作包括肠衣选择、肠类制品机械的操作、灌馅、捆扎和吊挂等。充填操作时注意肉馅装入灌筒要紧要实;手握肠衣要轻松,灵活掌握,捆绑灌制品要结紧结牢,不使松散,防止产生气泡。

（七）烘烤

烘烤的作用是使肉馅的水分再蒸发掉一部分,使肠衣干燥,紧贴肉馅,并和肉馅黏合在一起,防止或减少蒸煮时肠衣的破裂。另外,烘干的肠衣容易着色,且色调均匀。烘烤温度为 65～70℃,一般烘烤 40 min 即可。

（八）煮制

肠类制品煮制一般用方锅,锅内铺设蒸汽管,锅的大小根据产量而定。煮制时先在锅内加水至锅容量的 80％左右,随即加热至 90～95℃。如放入红曲,加以拌和后,关闭气阀,保持水温 80℃左右,将肠制品一杆一杆地放入锅内,排列整齐。煮制的时间因品种而异。如小红肠,一般需 10～20 min。其中心温度 72℃时,证明已煮熟。熟后的肠制品出锅后,用自来水喷淋掉制品上的杂物,待其冷却后再烟熏。

（九）熏制

熏制主要是赋予肠类制品以熏烟的特殊风味,增强制品的色泽,并通过脱水作用和熏烟成分的杀菌作用增强制品的保藏性。

传统的烟熏方法是燃烧木头或锯木屑,烟熏时间依产品规格质量要求而定。目前,许多国家用烟熏液处理代替烟熏工艺。

实训项目四　西式肉制品加工

【知识目标】

　　熟悉西式火腿、培根等肉制品加工的相关技术。

【能力目标】

　　1.能够进行西式火腿、培根等的生产操作。

　　2.能够对生产过程中所遇到的一些问题进行分析处理。

任务一　西式火腿加工

【知识目标】

　　熟悉西式火腿加工的相关技术。

【能力目标】

　　1.能够进行西式火腿的生产操作。

　　2.能够对生产过程中所遇到的一些问题进行分析处理。

一、任务准备

　　1.材料

　　瘦肉 80 kg,肥肉 20 kg,猪小肠衣 300 m,精盐 2.2 kg,白糖 7.6 kg,白酒(50度)2.5 kg,白酱油 5 kg,硝酸钠 0.05 kg。

　　2.设备

　　冷藏柜,煤气灶,蒸煮锅,恒温冷热缸,台秤,天平,砧板,刀具,塑料盆,托盘,盐水注射机,滚揉机,火腿模等。

二、任务实施

(一)工艺流程

选料及修整→盐水配制及注射→滚揉按摩→充填→蒸煮与冷却

(二)工艺要点

1. 原料肉的选择及修整

用于生产火腿的原料肉原则上仅选猪的臀腿肉和背腰肉;猪前腿部位的肉品质稍差,应注意选取。若选用热鲜肉作为原料,需将热鲜肉充分冷却,使肉的中心温度降至 0~4℃;若选用冷冻肉,宜在 0~4℃冷库内进行解冻。选好的原料肉经修整,去除皮、骨、结缔组织、脂肪和筋腱,使其成为纯精肉,然后按肌肉纤维方向将原料肉切成不小于 300 g 的大块。修整时应注意,刀痕不要划得太大太深,尽可能少地破坏肌肉的纤维组织,并尽量保持肌肉的自然生长块形。

2. 盐水配制及注射

注射腌制所用的盐水,主要组成成分包括食盐、亚硝酸钠、磷酸盐、糖、抗坏血酸钠及防腐剂、调味料、香辛料等。按照配方要求将上述添加剂用 0~4℃的软化水充分溶解,并过滤,配制成注射用盐水,然后用盐水注射机注射。

3. 滚揉按摩

就是将经过盐水注射的肌肉放置在一个旋转的鼓状容器中,或者是放置在带有垂直搅拌桨的容器内进行处理的过程。滚揉的方式一般分为间歇滚揉和连续滚揉两种。间歇滚揉一般每小时滚揉 5~20 min,停机 40~55 min,连续进行 16~24 h 的操作;连续滚揉多为集中滚揉 2 次,首先滚揉 1.5 h 左右,停机腌制 16~24 h,然后再滚揉 0.5 h 左右。

4. 充填

通过真空火腿压模机将滚揉以后的肉料压入模具中成型。一般充填压模成型要抽真空,其目的在于避免肉料内有气泡,造成蒸煮时损失或产品切片时出现气孔。火腿压模成型,一般包括人造肠衣成型和塑料膜压模成型两类。人造肠衣成型是将肉料用充填机灌入人造肠衣内,手工或机器封口,再经熟制成型;塑料膜压模成型是将肉料充入塑料膜内再装入模具内,压上盖,蒸煮成型,冷却后脱模,再包装而成。

5. 蒸煮与冷却

火腿的加热方式一般有水煮和蒸汽加热两种方式。金属模具火腿一般用水煮办法加热,充入肠衣内的火腿多在全自动烟熏室内完成熟制。为了保持火腿的颜色、风味、组织形态和切片性能良好,火腿的熟制和热杀菌过程,一般采用低温巴氏杀菌法,即火腿中心温度达到 68～72℃即可。若肉的卫生品质偏低,温度可稍高,但以不超过 80℃为宜。

蒸煮后的火腿应立即冷却。采用水浴蒸煮法加热的产品,将蒸煮篮重新吊起放置于冷却槽中用流动水冷却,冷却到中心温度 40℃以下。用全自动烟熏室进行煮制后,可用喷淋水冷却,水温 10～12℃,冷却至产品中心温度 27℃左右,送入0～7℃冷却间内冷却到产品中心温度至 1～7℃,再脱模进行包装即为成品。

(三)质量标准

成品色泽鲜艳,肉质细嫩,口感鲜美,营养丰富,食用方便。

三、注意事项

(1)正确选择西式香肠加工过程中所使用的原辅材料。
(2)正确操作加工设备。
(3)准确掌握蒸煮与冷却的时间和温度。

四、考核评价

优秀　能按照实训程序独立完成西式火腿的加工制作,成品色泽鲜明,肉身干爽结实,风味纯正。

良好　能按照实训程序独立完成西式火腿的加工制作,产品品质较好。

及格　在教师指导下能完成实训操作,产品品质较好。

不及格　虽在教师指导下能完成实训操作,但产品品质一般。

五、思考与练习题

1.试述中式火腿和西式火腿加工的异同点。
2.试述火腿加工过程中蒸煮与冷却的技术要点。

任务二　培根加工

【知识目标】

熟悉培根加工的相关技术。

【能力目标】

1.能够进行培根的生产操作。

2.能够对生产过程中所遇到的一些问题进行分析处理。

一、任务准备

1.材料

猪肋条肉 50 kg;干腌料:食盐 1.75～2 kg,硝酸钠 25 g;湿腌料:水 50 kg,食盐 8.5 kg,白糖 0.75 kg,注射用盐卤溶液约 2.5 kg,硝酸钠 35 g。

2.设备

冷藏柜,煤气灶,烟熏炉,波美计,台秤,天平,砧板,刀具,塑料盆,搪瓷托盘,安全手套。

二、任务实施

(一)工艺流程

选料→原料整理→腌制→出缸浸泡、清洗→剔骨修割、再整形→烟熏→成品

(二)工艺要点

1.选料

挑选肥膘 1.5～3 cm 厚的皮薄肉厚的五花肉,即猪第 3 根肋骨至第 1 腰椎骨的中下段方肉。

2.原料整理

用刀把肉坯的边修割整齐,割去腰肌和横膈膜,保留肋骨,剔除脊椎骨,每块重 8～10 kg。

3.腌制

将干腌配料混合,均匀地涂擦于肉面及皮面上,置于 2～3℃的冷库内腌制 12 h,再取 4 个不同方位注射盐卤溶液(盐卤溶液的配方同湿腌配料,不同处是沸水配制,注射前需经过滤才能使用)。每块方肉注射 3～4 kg,然后将方肉浸入湿腌料液内,以超过肉面为准,湿腌 12 d,每隔 4 d 翻缸一次。

4.出缸浸泡、清洗

将腌好的方肉放在清水中浸泡 2～3 h,洗去粘在肉皮或肉面上的盐渍和污物,然后捞出沥干水分。

5.剔骨修割、再整形

将肋骨剔出,刮尽残毛和皮上的油污,将原料的边缘修割整齐。整形后在方肉

的一端用尖刀戳一个小洞穿上麻绳,挂在竹竿上,准备烟熏。

6.烟熏

将方肉移入烟熏室内,烟熏温度控制在 60～70℃,时间约 10 h,待其表面呈金黄色即为成品。

(三)质量标准

培根成品皮面金黄色,无毛,切面瘦肉色泽鲜艳呈紫红色,食之不腻,无滴油,清香可口,烟熏味浓厚。

三、注意事项

(1)正确选择培根加工过程中所使用的原辅材料。

(2)准确掌握腌制的温度及时间等技术要点。

四、考核评价

优秀　能按照实训程序独立完成培根的加工制作,成品色泽鲜明,肉身干爽结实,风味纯正。

良好　能按照实训程序独立完成培根的加工制作,产品品质较好。

及格　在教师指导下能完成实训操作,产品品质较好。

不及格　虽在教师指导下能完成实训操作,但产品品质一般。

五、思考与练习题

1.培根与腊肉的风味和加工工艺有何不同?

2.试述培根制作时腌制的具体操作过程。

六、知识链接

西式火腿　就是用大块肉经整形修割(剔去骨、皮、脂肪和结缔组织)、盐水注射腌制、嫩化、滚揉、充填,再经熟制、烟熏(也可不烟熏)、冷却等工艺制成的熟肉制品。加工过程只需 2 d,成品水分含量高,嫩度好。西式火腿种类繁多,虽加工工艺各有不同,但其腌制都是以食盐为主要原料,而加工中其他调味料用量甚少,故也称为盐水火腿。由于西式火腿在制作中选料精良,加工工艺科学合理,采用低温巴氏杀菌,故可以保持原料肉的鲜香味,产品组织细嫩,色泽均匀鲜艳,口感良好。

培根　是英文译音,意思是烟熏咸猪肉。培根是由西欧传入我国的一种风味肉品,除具有适口的咸味外,还有浓郁的烟熏香味。培根挂在通风干燥处,数月不变质。

实训项目五　蛋制品加工

【知识目标】

　　1. 具备原料蛋的识别及验收知识。

　　2. 具备常见蛋品加工基本原理及工艺配方的相关知识。

　　3. 具备蛋品加工所需材料识别及性能选择的相关知识。

　　4. 具备常见蛋品加工的操作工艺知识及品质评定知识。

【能力目标】

　　1. 熟悉蛋制品的加工原理及工艺。

　　2. 熟悉蛋制品加工过程中所需材料的性能及使用。

　　3. 能够进行松花蛋及咸蛋制品的加工操作。

　　4. 能够发现蛋制品加工过程中的关键控制点,并提出质量控制措施。

　　5. 培养学生的安全生产意识。

任务一　松花蛋的加工

【知识目标】

　　熟悉松花蛋加工的原理和相关技术。

【能力目标】

　　1. 能够进行松花蛋的加工操作。

　　2. 能够对生产过程中所遇到的一些问题进行分析处理。

一、浸泡松花蛋加工

(一)任务准备

1.材料

鲜鸡(鸭)蛋,茶叶,水,生石灰,纯碱,食盐,氧化铅(又称黄丹粉),黄土,稻壳。

2.设备

缸,台秤,照蛋器,锅等。

(二)任务实施

1.工艺流程

原料蛋的选择→辅料的选择→配料→料液碱度的检验→装缸、灌料泡制→成熟→包装

2.工艺要点

(1)原料蛋的选择　加工松花蛋的原料蛋须经照蛋和敲蛋逐个严格挑选。

①照蛋　加工松花蛋的原料蛋用灯光透视时,气室高度不得大于 9 mm,整个蛋内容物呈均匀一致的微红色,蛋黄不见或略见暗影,胚珠无发育现象。转动蛋时,可略见蛋黄也随之转动。次蛋,如破损蛋、热伤蛋等均不宜加工松花蛋。

②敲蛋　经过照蛋挑选出来的合格鲜蛋,还需检查蛋壳完整与否,厚薄程度以及结构有无异常。裂纹蛋、沙壳蛋、油壳蛋都不能作松花蛋加工的原料。此外,敲蛋时,还应根据蛋的大小进行分级。

(2)辅料的选择

①生石灰　要求色白、重量轻、块大、质纯,有效氧化钙的含量不低于 75%。

②纯碱(Na_2CO_3)　要求色白、粉细,含碳酸钠在 96% 以上,不宜用普通黄色的"老碱",若用存放过久的"老碱",应先在锅中灼热处理,以除去水分和二氧化碳。

③茶叶　选用新鲜红茶或茶末为佳。

④硫酸铜或硫酸锌　选用食品级或纯的硫酸铜或硫酸锌。

⑤其他　黄土取深层、无异味的,取后晒干、敲碎、过筛备用。稻壳要求金黄干净,无霉变。

(3)配料　鸡蛋 10 kg,纯碱 0.8 kg,生石灰 3 kg,食盐 0.6 kg,茶叶 0.4 kg,黄丹粉 20 g,水 11 kg。

(4)料液配制　先将碱、盐放入缸中,将茶叶、水放入锅中,熬好茶汁。再将熬好的茶汁倒入缸内,搅拌均匀,再分批投入生石灰,及时搅拌,使其反应完全,待料

液温度降至 50℃ 左右,将硫酸铜或硫酸锌化水倒入缸内(不用黄丹粉时选用),捞出不溶石灰块并补加等量石灰,冷却后备用。

(5)料液碱度的检验   用刻度吸管吸取澄清料液 4 mL,注入 300 mL 的三角瓶中,加水 100 mL,加入酚酞指示剂 2 滴,然后用 1 mol/L 盐酸标准溶液滴定,使溶液的粉红色恰好消退为止,消耗盐酸标准溶液的毫升数即相当于氢氧化钠含量的百分数。料液中的氢氧化钠含量要求达到 4% 左右。浓度过高应加水稀释,浓度过低应加烧碱提高料液的氢氧化钠浓度。

(6)装缸、灌料泡制   将检验合格的蛋装入缸内,用竹篾盖撑封,将检验合格冷却的料液在不停的搅拌下徐徐倒入缸内,使蛋全部浸泡在料液中。

(7)成熟   灌料后要保持室温在 16~28℃,最适温度为 20~25℃,浸泡时间为 25~40 d。在此期间要进行 3~4 次检查。

出缸前取数枚松花蛋,用手颠抛,松花蛋回到手心时有震动感。用灯光透视蛋内呈灰黑色。剥壳检查蛋白凝固光滑,不粘壳,呈黑绿色,蛋黄中央呈糖心即可出缸。

(8)包装   松花蛋的包装有传统的涂泥包糠法和现在的涂膜包装法。

①涂泥包糠   用残料液加黄土调成糊状,包泥时用刮泥刀取 40~50 g 的黄泥及稻壳,使松花蛋全部被泥糠包埋,放在缸里或塑料袋内密封贮存。

②涂膜包装   用液体石蜡或固体石蜡等作涂膜剂,喷涂在松花蛋上(固体石蜡需先加热熔化后喷涂或涂刷),待晾干后,再封装在塑料袋内贮存。

(三)注意事项

(1)正确进行辅料选择、配制及料液碱度的检验。

(2)掌握松花蛋加工过程中的技术要点,定期检查松花蛋的成熟度。

二、包泥松花蛋加工

(一)任务准备

1. 材料

鲜鸡(鸭)蛋,茶叶,水,生石灰,草木灰,纯碱,食盐,氧化铅,黄土,稻壳。

2. 设备

缸,台秤,照蛋器,锅等。

(二)任务实施

1. 工艺流程

原料蛋的选择→辅料的选择→料泥的配制→料泥的简易测定→包泥滚糠→封

缸→成熟→包装

2. 工艺要点

(1)原料蛋的选择 加工松花蛋的原料蛋须经照蛋和敲蛋逐个严格挑选。

①照蛋 加工松花蛋的原料蛋用灯光透视时,气室高度不得大于 9 mm,整个蛋内容物呈均匀一致的微红色,蛋黄不见或略见暗影,胚珠无发育现象。转动蛋时,可略见蛋黄也随之转动。次蛋,如破损蛋、热伤蛋等均不宜加工松花蛋。

②敲蛋 经过照蛋挑选出来的合格鲜蛋,还需检查蛋壳完整与否,厚薄程度以及结构有无异常。裂纹蛋、沙壳蛋、油壳蛋都不能作松花蛋加工的原料。此外,敲蛋时,还应根据蛋的大小进行分级。

(2)辅料的选择

①生石灰 要求色白、重量轻、块大、质纯,有效氧化钙的含量不低于 75%。

②纯碱(Na_2CO_3) 要求色白、粉细,含碳酸钠在 96% 以上,不宜用普通黄色的"老碱",若用存放过久的"老碱",应先在锅中灼热处理,以除去水分和二氧化碳。

③茶叶 选用新鲜红茶或茶末为佳。

④硫酸铜或硫酸锌 选用食品级或纯的硫酸铜或硫酸锌。

⑤其他 黄土取深层、无异味的,取后晒干、敲碎、过筛备用。稻壳要求金黄干净,无霉变。

(3)配料 鸡蛋 10 kg,纯碱 0.6 kg,生石灰 1.5 kg,草木灰 1.5 kg,食盐 0.2 kg,茶叶 0.2 kg,黄丹粉 12 g,干黄土 3 kg,水 4 kg。

(4)泥料配制 配制时先将茶叶泡开,再将生石灰投入茶汁内化开,捞除石灰渣,并补足生石灰,然后加入纯碱、食盐搅拌均匀,最后加入草木灰和黄土,充分搅拌。待料泥起黏无块后,冷却。将冷却成硬块的料泥全部放入石臼或木桶内用木棒反复锤打,边打边翻,直到捣成糊状为止。

(5)料泥的简易测定 取料泥一小块放于平皿上,表面抹平,再取蛋白少许滴在料泥上,10 min 内若蛋白凝固并有粒状或片状带黏性的感觉,说明料泥正常,可以使用;若不凝固,则料泥碱性不足;如无粉末感觉,说明料泥碱性过大。

(6)包泥滚糠 一般料泥用量为蛋重的 65%～67%。包泥要均匀,包好后滚上糠,放入缸中。

(7)封缸 用两层塑料薄膜盖住缸口,不能漏气,缸上贴上标签,注明时间、批次、数量、级别、加工代号等。

(8)成熟 春秋季一般 30～40 d 可成熟,夏季一般 20～30 d 可成熟。

(三)注意事项

(1)正确进行料液碱度的检验。

（2）掌握松花蛋加工过程中的技术要点,定期检查松花蛋的成熟度。

三、质量标准

优质的松花蛋从外观上看应符合以下要求:外包泥或涂料均匀洁净,蛋壳完整,无霉变,敲摇时无水响声。剖检时蛋体完整;蛋白呈青褐色、棕色或棕黄色,呈半透明状,有弹性,一般有松花花纹;蛋黄呈深浅不同的墨绿色或黄色,略凝心;具有松花蛋应有的滋味和气味,无异味。

四、考核评价

优秀　能按照实训操作程序独立完成松花蛋的加工制作,产品品质符合标准要求。

良好　能按照实训操作程序独立完成松花蛋的加工制作,产品品质较好。

及格　在教师指导下,能完成松花蛋的加工制作,产品品质较好。

不及格　虽在教师指导下,能完成松花蛋的加工制作,但产品品质欠佳。

五、思考与练习题

1. 怎样鉴别良质与劣质松花蛋?
2. 试述浸泡松花蛋和包泥松花蛋的加工工艺要点。

任务二　咸蛋的加工

【知识目标】
熟悉咸蛋加工的原理和相关技术。

【能力目标】
1. 能够进行咸蛋的加工操作。
2. 能够对生产过程中所遇到的一些问题进行分析处理。

一、草灰咸蛋

（一）任务准备

1. 材料
鲜鸡(鸭)蛋,水,食盐,干黄土,草木灰等。

2.设备

小缸,台秤,照蛋器等。

(二)任务实施

1.配料

鸭蛋 1 000 枚,草木灰 20 kg,食盐 6 kg,干黄土 1.5 kg,水 18 kg。

2.工艺

先将食盐和水放入拌料缸内,经搅拌使食盐溶化后,再分批加入筛过的草木灰和黄土,搅拌均匀至灰浆发黏为止。将检验合格的蛋放在灰浆内翻滚一周,使蛋壳表面均匀粘上灰浆后,取出放入灰盘内滚上一层干灰,用手将灰料捏紧后放入缸或塑料袋中,封口,置阴凉通风室内 30～40 d 即为成品。

(三)注意事项

(1)料液的配制及包泥的薄厚。

(2)定期检查咸蛋的成熟度。

二、黄泥咸蛋

(一)任务准备

1.材料

鲜鸡(鸭)蛋,水,食盐,干黄土等。

2.设备

小缸,台秤,照蛋器等。

(二)任务实施

1.配料

鸭蛋 1 000 枚,食盐 7.5 kg,干黄土 8.5 kg,水 4 kg。

2.工艺

将黄土捣碎过筛后,与食盐和水放入拌料缸内,用木棒充分搅拌成稀薄的糊状,其标准以一个鸭蛋放进泥浆,一半浮在泥浆上面,一半浸在泥浆内为合适。将检验合格的蛋放于泥浆中,使蛋壳全部粘满泥浆后,取出放入缸或塑料袋中,最后将剩余的泥浆倒在蛋上,盖好盖子封口,存放 30～40 d 即为成品。

(三)注意事项

(1)料液的配制及包泥的薄厚。

(2)定期检查咸蛋的成熟度。

三、腌制过程的质量鉴定

（1）透视检验　抽取腌制到期的咸蛋，洗净后放到照蛋器上，用灯光透视检验。腌制好的咸蛋透视时，蛋内澄清透光，蛋白清澈如水，蛋黄鲜红并靠近蛋壳。将蛋转动时，蛋黄随之转动。

（2）摇震检验　将咸蛋握在手中，放在耳边轻轻摇动，感到蛋白流动，并有拍水的声响是成熟的咸蛋。

（3）除壳检验　取咸蛋样品，洗净后打开蛋壳，倒入盘内，观察其组织状态。成熟良好的咸蛋，蛋白与蛋黄分明，蛋白呈水样，无色透明，蛋黄坚实，呈珠红色。

（4）煮制剖视　品质好的咸蛋，煮熟后蛋壳完整，煮蛋的水洁净透明；煮熟的咸蛋，用刀沿纵面切开观察，成熟的咸蛋蛋白鲜嫩洁白，蛋黄坚实、呈珠红色，周围有露水状的油珠，品尝时咸淡适中，鲜美可口，蛋黄发沙。

四、考核评价

优秀　能按照实训操作程序独立完成咸蛋的加工制作，产品品质符合标准要求。

良好　能按照实训操作程序独立完成咸蛋的加工制作，产品品质较好。

及格　在教师指导下能完成咸蛋的加工制作，产品品质较好。

不及格　虽在教师指导下能完成咸蛋的加工制作，但产品品质欠佳。

五、思考与练习题

1. 怎样识别变质的咸蛋？
2. 试述咸蛋的简易加工工艺。

六、知识链接

（一）再制蛋的加工卫生与检验

再制蛋是鲜蛋经过盐、碱、糟、卤、炸等工艺制作后，未改变蛋原形的蛋制品，主要包括咸蛋、松花蛋和糟蛋以及各种熟制蛋。

1. 再制蛋的加工卫生要求

在加工过程中着重注意以下问题：a. 再制蛋的原料必须新鲜并清洗干净；b. 所用辅助材料凡国家有卫生标准的应符合其卫生标准；c. 加工车间及环境保持清洁卫生，室内温度、湿度及通风按规定控制；d. 加工所用的机械、设备、容器、包装材料等严格按卫生要求处理；e. 生产人员要身体健康，严格遵守生产操作卫生制度。

2.咸蛋的卫生检验

咸蛋是原料蛋经过照蛋、敲蛋、分级、提浆裹灰(或浓盐水浸泡)而制成,是我国保存和加工蛋的一种传统方法,可保存2~4个月。

(1)感官检查　通过观察蛋壳及涂料的完整性,蛋白、蛋黄的色泽和凝结状态,来鉴定咸蛋的质量。

①良质咸蛋　蛋壳完整,无裂纹和霉迹,轻摇有轻微水荡声。灯光透视时,蛋白透明,蛋黄缩小。打开蛋壳,蛋白稀薄均匀、透明;蛋黄浓缩但不硬固,呈金黄色或红色。

②变质咸蛋　常表现为黑黄蛋和混黄蛋。a.轻度黑黄蛋:灯照时蛋黄发黑,蛋清稍混浊;打开蛋壳,蛋黄黑而坚硬;蛋白较清晰透明,稍有腐败气味。b.重度黑黄蛋:灯光透视时,整个蛋呈黑色;打开蛋壳,蛋黄与蛋白均发黑,或全部溶解成水样,呈黄黑或黑绿色,有腥臭味。c.混黄蛋:灯光透视时颜色暗淡混浊;打开蛋壳,有腥臭味;蛋白呈淡黄或白色、粥状;蛋黄缩小或变形,常呈乳白色。

(2)理化和微生物检验　其检验项目及卫生指标应符合 GB 2749—2003 的要求。

3.松花蛋的卫生检验

(1)感官检查　通过观察、手掂、剥壳检查来了解松花蛋蛋壳及涂料的完整性,蛋白、蛋黄的色泽和凝结状态。根据松花蛋的卫生质量不同,将其分为良质松花蛋、次质松花蛋和变质松花蛋。

①良质松花蛋　蛋外包泥或涂料均匀洁净,蛋壳完整无霉变,敲摇时不得有响水声。剖检时,蛋体完整,蛋白呈青褐、棕褐或棕黄色半透明体,有弹性,蛋黄呈深浅不同的绿色或黄色略带溏心或凝心。具有松花蛋应有的滋味和气味,无异味。

②次质松花蛋　蛋壳破口或裂纹程度轻,无严重污染,或蛋白凝结不完全,以及轻度搭壳,无臭味。如烂头蛋、损壳蛋、粘壳蛋等。

③变质松花蛋　蛋黄和蛋白大部分或全部液化呈黑色,有臭味。如腐黄蛋、响水蛋等。

(2)理化和微生物检验　其检验项目及卫生指标应符合 GB 2749—2003、GB/T 9694—2014 的要求。

(二)蛋制品的加工卫生与检验

1.冰蛋品的加工卫生与检验

冰蛋品是鲜蛋去壳后经低温冷冻制成的蛋品。产品有冰鸡全蛋、冰鸡蛋黄、冰鸡蛋白、巴氏杀菌冰鸡全蛋等。其加工方法基本一致,只是所用原料不同。

(1)冰蛋品的加工卫生要求　加工冰蛋品的原料必须是感官检验和灯光透视

检查合格的鲜蛋。鲜蛋经清洗、消毒和晾干后送往打蛋车间。人工打蛋的生产人员应穿戴整洁的工作衣帽、口罩、胶靴,洗手、消毒后进行打蛋。打出的蛋液及时搅拌、过滤、迅速装听、冷冻。生产车间保持清洁卫生,室内温度及通风按规定控制。加工用的机械、设备、容器、包装材料等,严格按卫生要求处理。原料和成品及时处理。生产人员应身体健康,严格遵守操作规程。

(2)冰蛋品的卫生检验

①品质规格

A.冰全蛋　执行 GB 2749—2003《蛋制品卫生标准》。

感官指标:状态坚洁均匀;色泽淡黄;气味正常;无杂质。

理化指标:水分不超过 76%;油量(三氯甲烷冷浸出物)不低于 10%;游离脂肪酸(以油酸计)不超过 4%;α-淀粉酶不低于 4%。

细菌指标:细菌数不超过 5 000 cfu/g,大肠菌群(最近似数)不超过 1 000 MPN/100 g,肠道致病菌(沙门氏菌及志贺氏菌)不得检出。

B.冰蛋黄　执行 GB 2749—2003。

感官指标:色泽黄色;气味正常;无杂质。

理化指标:水分不超过 55%;油量(三氯甲烷冷浸出物)不低于 25%;游离脂肪酸(以油酸计)不超过 4%。

细菌指标:细菌数不超过 1 000 000 cfu/g;大肠菌群(最近似数)不超过 1 000 000 MPN/100 g;肠道致病菌(沙门氏菌及志贺氏菌)不得检出。

C.冰蛋白　执行 GB 2749—2003。

感官指标:色泽微黄色;气味正常;无杂质。

理化指标:水分不超过 88.5%。

细菌指标:细菌数不超过 1 000 000 cfu/g;大肠菌群(最近似数)不超过 1 000 000 MPN/100 g;肠道致病菌(沙门氏菌及志贺氏菌)不得检出。

②检验项目

A.感官检查　主要从冰蛋品的形状、色泽、气味和杂质等来确定冰蛋品的卫生质量。

B.理化检验　冰蛋品的理化检验项目有水分、游离脂肪酸、挥发性盐基氮、汞等,其测定按 GB/T 5009.47—2003 进行操作。

C.微生物学检验　应测定菌落总数、大肠菌群和致病菌,其检验按 GB 4789—2003 进行操作。

(3)冰蛋的包装　全新马口铁听装,净重分 20、10、5 kg 三种,外套纸板箱,每箱一律 20 kg 装。冰全蛋用黑色,冰蛋黄用红色,冰蛋白用绿色标志。

（4）冰蛋的保管运输　冰蛋应用－18℃冷库贮藏，存前库内要先清洁消毒，垛下应垫枕木，两层之间应填小木条，垛与垛间留有通风道。运输工具必须干燥、清洁、卫生，所用车厢和船舱应密封，轻搬轻放，防止弄脏或擦破包装。带有制冷设备或加冰装置的车船，装冰蛋前温度须保持在－8℃以下。

2.干蛋品的加工卫生与检验

干蛋品是鲜蛋去壳后将蛋液中水分蒸发干燥而成的蛋制品。产品有鸡全蛋粉、巴氏杀菌鸡全蛋粉、鸡蛋黄粉、鸡蛋白片等。

（1）干蛋品的加工卫生要求　与冰蛋品基本相同。还应重点注意防止加工过程中的微生物尤其是沙门氏菌的污染，如严格蛋壳、打蛋工具、容器及制作干蛋品的管道的消毒。蛋粉不得在空气中暴露时间过长，应采用专用包装材料，以防受潮和蛋粉中脂肪氧化。

（2）干蛋品的卫生检验

①品质规格

A.干全蛋　执行 GB 2749—2003《蛋制品卫生标准》。

感官指标：粉末状或极易松散的块状；均匀淡黄色；具有鸡全蛋粉的正常气味；无异味和杂质。

理化指标：水分＜4.5％；脂肪＞42％；游离脂肪酸＜4.5％。

细菌指标：细菌总数＜10 000 cfu/g；大肠菌群＜90 MPN/100 g；致病菌（系指沙门氏菌）不得检出。

根据出口需要，可增验溶解指数（或溶解度）及六六六、滴滴涕残留量。

B.干蛋黄　执行 GB 2749—2003《蛋制品卫生标准》。

感官指标：粉末状或极易松散之块状；均匀黄色；具有鸡蛋黄粉的正常气味；无异味和杂质。

理化指标：水分＜4.0％；脂肪＞60％；游离脂肪酸＜4.5％。

细菌指标：细菌总数＜50 000 cfu/g；大肠菌群＜40 MPN/100 g；致病菌（系指沙门氏菌）不得检出。

根据出口需要可增验溶解指数（或溶解度）及六六六、滴滴涕残留量。

C.干蛋白　执行 GB 2749—2003《蛋制品卫生标准》。

感官指标：晶片状及碎屑状；呈均匀浅黄色；具有鸡蛋白片的正常气味；无异味和杂质。

理化指标：水分＜16.0％；酸度1.2％。

细菌指标：致病菌（系指沙门氏菌）不得检出。

根据出口需要可增验碎屑、水溶物、打擦度以及六六六、滴滴涕残留量等项。

②检验项目　出口干蛋品按 GB/T 5009.47—2003《蛋与蛋制品卫生标准》的分析方法检验感官及理化项目,按 GB/T 4789.2～4 检验细菌项目。进口干蛋品须符合 GB 2749—2003《蛋制品卫生标准》。

(3)干蛋品的包装　分铁听和纸箱两种。铁听外套木(纸)箱,净重 50 kg 或 25 kg。

纸箱装的先将蛋粉装于塑料袋中密封,净重 10 kg,外套纸板箱,两小箱外套大纸箱,共计 20 kg。

(4)干蛋品的保管运输　贮存于温度不超过 24℃,相对湿度不超过 70％的干燥清洁的仓库中,不得露天堆放,避免日晒雨淋,不得与有异味及易生虫的物品混存,搬运勿剧烈震动,长途运输不得用敞篷车船,不得接触和靠近有热源的地方。

参考文献

[1] 许本发,李宏建,等.酸奶和乳酸菌饮料的加工.北京:中国轻工业出版社,1994.

[2] 农业部工人技术培训教材编审委员会.乳制品检验技术.北京:中国农业出版社,1997.

[3] 骆承庠.乳与乳制品工艺学.北京:中国农业出版社,1999.

[4] 蔡建,常锋.乳品加工技术.北京:化学工业出版社,2008

[5] 张和平,张佳程.乳品工艺学.北京:中国轻工业出版社,2007.

[6] 孔保华.乳品科学与技术.北京:科学出版社,2004.

[7] 郭本恒.干酪.北京:化学工业出版社,2004.

[8] 蔺毅峰.冰激凌加工工艺与配方.北京:化学工业出版社,2007.

[9] 曾寿瀛.现代乳与乳制品加工技术.北京:中国农业出版社,2003.

[10] 武建新.乳品生产技术.北京:科学出版社,2004.

[11] 杨文泰.乳及乳制品检验技术.北京:中国计量出版社,1997.

[12] 葛长荣,马美湖.肉与肉制品工艺学.北京:中国轻工业出版社,2002.

[13] 薛慧文.肉品卫生监督与检验手册.北京:金盾出版社,2003.

[14] 赵瑞香.肉制品生产技术.北京:科学出版社,2004.

[15] 夏文水.肉制品加工原理与技术.北京:化学工业出版社,2003.

[16] 杨富民.肉类初加工及保鲜技术.北京:金盾出版社,2003.

[17] 南庆贤.肉类工业手册.北京:中国轻工业出版社,2003.

[18] 王卫国.无公害蛋品加工综合技术.北京:中国农业出版社,2003.

[19] 马美湖.禽蛋制品生产技术.北京:中国轻工业出版社,2003.

[20] 周光宏.畜产品加工学.北京:中国农业出版社,2002.

[21] 无锡轻工业学院,天津轻工业学院.食品工艺学.北京:中国轻工业出版社,1983.

[22] 蒋爱民.畜产食品工艺学.北京:中国农业出版社,2000.

[23] 张富新,杨宝进.畜产品加工技术.北京:中国轻工业出版社,2000.

[24] 中华人民共和国国家标准.食品卫生检验方法理化部分.北京:中国标准出版社,2003.

[25] 中华人民共和国国家标准.食品卫生微生物学检验.北京:中国标准出版社,2003.

[26] 朱克永.食品检测技术.北京:科学出版社,2004.

[27] 宫相印.食品机械与设备.北京:高等教育出版社,2002.